·市场星报关注丛书·

避险自救手册

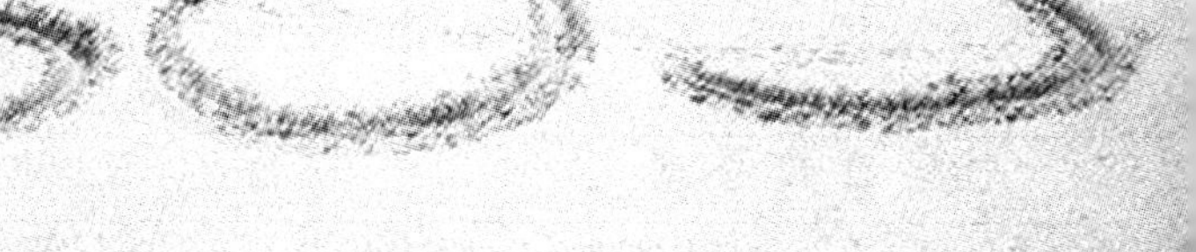

主　编：虞海宁　程局新

副主编：胡敬东　蒋乃纯　何曙光

编　者：马　兰　许启志　顾　利

董　方　王珊珊

绘　图：张丹丹　钟璐虹

北京师范大学出版集团
BEIJING NORMAL UNIVERSITY PUBLISHING GROUP
安徽大学出版社

图书在版编目(CIP)数据

避险自救手册/虞海宁,程局新主编.—合肥:安徽大学出版社,2014.1(2014.9重印)

ISBN 978-7-5664-0685-9

Ⅰ.①避… Ⅱ.①虞… ②程… Ⅲ.①自救互救—手册 Ⅳ.①X4—62

中国版本图书馆CIP数据核字(2013)第297363号

避险自救手册 虞海宁 程局新 主编

出版发行:北京师范大学出版集团
安 徽 大 学 出 版 社
(安徽省合肥市肥西路3号 邮编230039)
www.bnupg.com.cn
www.ahupress.com.cn

印 刷:合肥远东印务有限责任公司
经 销:全国新华书店
开 本:120mm×184mm
印 张:5.375
字 数:130千字
版 次:2014年1月第1版
印 次:2014年9月第2次印刷
定 价:26.00元
ISBN 978-7-5664-0685-9

策划编辑:李 梅 武溪溪 装帧设计:陈 静 李 军
责任编辑:武溪溪 刘 扬 美术编辑:李 军
责任校对:程中业 责任印制:赵明炎

安全，你准备好了吗?

平安是福。安全是人类生存与发展永恒的主题，也是人们享有欢乐和幸福的前提。我们曾以为，生活的地方就是最安全的地方；家园能够挡住所有的灾难……然而，当暴雨、洪水、地震、火灾、车祸、疾病等灾难突然降临时，我们猝不及防，看似安全的生活领地，却给我们带来了不可想象的灾难。

看着一幕幕真实画面，我们才发现：灾难离我们并不遥远；看着亲人们恸哭时的悲切，我们才发现：每个生命都值得珍惜；面对自然的发难，我们更加深刻地知道：这个世界，没有人是一座孤岛，必须守望相助、正确避险。

《避险自救手册》，将教你全方位自我防护的安全攻略，告诉你最危险的所在和如何防备的巧妙对策；告诉你如何做好充分的预防，战胜恐惧、厌倦、绝望和孤独。我们希望通过普及最简单易行而有效的安全常识，帮助大家提高对灾害天气及生命安全的认知。

人无远虑，必有近忧。悲天悯人莫若起而自保，现在，让我们一起打开自救百宝箱，为生命保驾护航吧！

安徽出版集团副总经理
市场星报社社长 虞海宁

目录

139 突发性疾病救治

157 安全备用知识

城市公共安全知识

城市暴雨自救攻略

夏天的暴雨，拷问着城市的现代化系统，也拷问着每个人的救护知识。当暴雨把城市变成“海”，人们应如何应对？就城市暴雨事件，专家为您支招，告诉您暴雨中的求生攻略。

车内溺水

专家支招：主动绕开积水低洼路段，除非前面有车辆成功穿越，否则不要试图单独穿越被洪水淹没的公路；如果车辆在水中熄火，应立即弃车逃生，逃到附近高建筑地避水；车内准备一只能随时砸破车窗的物品，如锤子、大号铁钳子、锁车用的钢锁等，以备急用。

不少市民在车辆遇水之后，待在车内等待救援，这种做法相当危险。车辆遇到大水后，车门很难被推开，而对于一些使用电动锁的车辆，电动锁遇水可能会失灵，致使车内人员无法开启门窗，错过逃生时机。这时候，车内人员应该尽量找到车内的坚硬物体，用力砸碎车窗玻璃，或从车顶天窗爬出，为自己赢得宝贵的逃生时间。敲开车窗逃离时，若不会游泳，可设法爬到车顶等待救援。最保险的是尽量不要涉水开车。

水中触电

专家支招：发现高压线铁塔倾倒、电线低垂或折断时，要远离之，不可触摸或接近；若遇到断裂的电线垂在地上的积水里，而你不得不通过积水时，可单脚跳过积水。

需要注意的是，若发现有人在水中触电，不可贸然靠近，要注意观察周围情况。市民在展开救援时，应提前让电力部门关闭电源；若救援时已经雨停，可用绝缘体将触电者与积水分开。

厂房倒塌

专家支招：狂风暴雨来临时，应尽快避开危险建筑，迅速向附近山岗、楼房高层等地转移。

现在很多厂房建筑都采用钢架结构，如遭遇狂风暴雨的冲击，便很容易倒塌。一些土坯房内部、房顶、墙根及周围经不起水浸，也易倒塌。在危险来临之前，市民应及时撤离危险建筑物，尽快寻找位置较高的安全地段，等待救援。

电闪雷鸣

专家支招：遇到雷雨天气时，要远离建筑物外露的水管、煤气管等金属物体及电力设备。

雷电通常会击中户外最高的物体尖顶，所以雷雨天气时，不要停留在高楼平台上；在户外空旷处不宜进入孤立的棚屋、岗亭等；不宜在大树下避雷雨，万不得已，须与树干保持 3 米左右距离，下蹲并双腿靠拢；在户外遭遇雷雨但来不及离开高大物体时，应马上找些干燥的绝缘物放在地上，然后坐在上面，并将双脚并拢放在绝缘体上。

大水围困

专家支招：平时备好应急食品、水、药品、救援绳索等物资；洪水发生时，迅速向屋顶、高楼等处转移；如果被洪水围困，用门板、洗衣盆、衣柜等作为逃生用具；如果无法逃脱，将手机集中起来，只留一个开机，等待救援，以免救援未到却与外界失去联系。

在这种情况下，除了平时做好准备，被困人员还要立即到被困地的高处，等待救援。如果当时通讯工具无法正常使用，可以用烟火、光照等方法，让救援人员知道你的所在地。

列车出轨如何自救

列车发生意外时，人会本能地抓住周围一切固定的物体，这样可以防止被向外甩出，避免对身体产生冲撞。这与安全带的作用是一样的，乘车系安全带就是为了避免冲撞后受伤。总之，一定要避免大幅度的移动。

在“7·23”甬温线特大事故中，来自南京的王女士和母亲、儿子事发时在4号车厢里。王女士说，他们都接受过应急训练，掌握了一些基本自救常识。在列车受到强烈撞击时，三人拼命抓紧窗台和门板，加上背对行车方向，因此在车厢坠地后，基本没有受伤。还有一位吕先生，他在当时做出了正确的第一反应：迅速转身，牢牢抱住自己的座椅，同时含胸，把头捂在椅背上。之后，吕先生顿时感到车厢在翻滚，车厢内箱包横飞，还有乘客的惊叫声。翻滚过后，吕先生缓过神来，发现自己基本没有受伤。

首先记住，列车出轨的征兆是紧急的刹车、剧烈的晃动，而且车厢向一边倾倒。在判断列车失事的瞬间，乘客要尽可能保持冷静并采取如下措施：

1. 面朝行车方向坐的人，要马上抱头屈肘伏到前面的坐垫上，护住脸部，或者马上抱住头部朝侧面躺下。

2. 背朝行车方向坐的人，应该马上用双手护住后脑部，同时屈身抬膝护住胸部、腹部。

3. 事故发生后，如果座位不靠近门窗，应留在原位，抓住固定的物体或者靠坐在座椅上，低下头，下巴紧贴胸前，以防头部受伤；若座位靠近门窗，就应尽快离开。

4. 在通道上坐着或站着的人，应该面朝行车方向，两手护住后脑部，屈身蹲下，以防冲撞或落物击伤头部。

5. 如果车内不拥挤，应该双脚朝着行车方向，两手护住后脑部，屈身躺在地板上，用膝盖护住腹部，用脚蹬住椅子或者车壁。

6. 在厕所里，如果有时间反应，应赶快采取行动：背靠行车方向的车壁，坐到地板上，双手抱头，屈肘抬膝护住腹部。

7. 事故发生后，如果无法打开车门，就把窗户推上去或砸碎窗户的玻璃，然后脚朝外爬出来。铁轨可能会有电，如果车厢看起来不会再倾斜或者翻滚，待在车厢里等待救援是最安全的。

8. 确定列车停下后，需要跳车避险时，应注意对面来车，并采取正确的跳车方法。跳下后，要迅速撤离，不可在火车周围或铁轨上徘徊，否则很容易发生其他危险。

9. 不要倚靠在车门上，应尽量往车厢中部走。发生撞车事故时，车厢两头和车门附近是很危险的地方。

列车发生火灾如何自救

当所乘坐的列车发生火灾事故时，要沉着、冷静，准确判断，切忌慌乱，然后采取措施逃生。

盲目跳车无异于自杀

旅客首先要冷静，千万不能盲目跳车，否则等于自杀。使列车迅速停下来是首要措施。失火时应迅速通知列车员停车灭火避难；或者迅速冲到车厢两头的连接处，找到链式制动手柄，按顺时针方向用力旋转，使列车尽快停下来；或者迅速冲到车厢两头的车门后侧，用力向下扳动紧急制动阀手柄，也可以使列车尽快停下来。

有序逃离

运行中的列车发生火灾时，列车乘务人员在引导乘客逃离火场的同时，还应迅速扳下紧急制动闸，使列车停下来，并组织人员迅速将车门和车窗全部打开，帮助疏散被困人员。

当起火车厢内的火势不大时，不要开启车厢门窗，以免大量的新鲜空气进入，加速火势的蔓延。当车厢内浓烟弥漫时，要采取低姿行走的方式逃离。

利用车厢前后门逃生

旅客列车每节车厢内都有一条宽约 80 厘米的人行通道，当某一节车厢内发生火灾时，这些通道便是被困人员利用的主要逃生通道。火灾时，被困人员应尽快利用车厢两头的通道，有秩序地逃离现场。

利用车厢的窗户逃生

旅客列车车厢内的窗户一般为 70 厘米×60 厘米，装有双层玻璃。在发生火灾时，被困人员可用坚硬的物品将窗户的玻璃砸碎，通过窗户逃离现场。

需要提醒的是：动车上并非每块玻璃都可以砸碎，要砸安全锤旁的玻璃。一般情况下，动车上的安全锤位于列车车厢两头，左右各 1 把，每节车厢共 4 把，也就是说，最好砸列车车厢两头的 4 块玻璃。一些乘客往往会敲击玻璃的中间部位，但那是最坚固的地方；应该用安全锤的尖角敲击玻璃的四角，玻璃会出现裂痕，再用安全锤的钝角继续敲击四角，玻璃会出现更大的裂痕，然后用脚把玻璃踹碎。

若安全锤不在，可以用女士的高跟鞋细鞋跟敲击，钥匙和皮带扣也可以用于敲击，但是不太好用力。实在没有这些器具，可以两人抬着行李箱，猛力撞击玻璃的四角。

乘飞机遇险迫降如何自救

现代客机的安全系数都很高，但由于飞机是在空中高速飞行，所以一旦出现故障或其他原因，乘客会容易惊慌失措。但千万不可惊慌，应信任机上工作人员，服从命令听指挥，并积极配合其救护工作。

飞机失事的预兆：机身颠簸；飞机急剧下降；机舱内出现烟雾；机身外出现黑烟；发动机关闭，一直伴随着的飞机轰鸣声消失；在高空飞行时发出一声巨响；舱内尘土飞扬等。

当飞机出现迫降的可能性时，应立即取下身上的锐利物品，穿上所有的衣服，戴上手套和帽子，脱下高跟鞋，将杂物放入座椅后面的口袋里，扶直椅背，收好小桌，系好安全带，用毛毯、枕头垫好腹部，以防冲击时受到伤害。

飞机迫降时，一般采用前倾后屈的姿式，即头低下，两腿分开，两手用力抓住双脚。身材肥胖者、孕妇或老人，可以挺直上身，两手用力抓住座椅的扶手，或用两手护住头部。飞机未触地前，不必过分紧张，以免耗费体力。

当听到机长发出最后指令时，旅客应按上述动作，做好冲撞的准备。在飞机触地前一瞬间，应全身用力，憋住气，使全身肌肉处于紧张对抗外力的状态，以防猛烈的冲击。从遇险飞机出来时，应根据机长指令和周围情况选定紧急出口。

核心提示：登机后，熟悉机上安全出口，收听、阅读有关航空安全知识，不清楚的地方要及时请教乘务人员。必须按要求系好安全带。

若舱内出现烟雾，一定要把头弯到尽可能低的位置，屏住呼吸，用饮料浇湿毛巾或手帕捂住口、鼻后再呼吸，然后弯腰走到或爬行到出口处；若飞机在海洋上空失事，要立即穿上救生衣。

突发爆炸如何自救急救

在公共场所务必要留意神色异常的人员，不要轻易触碰无人看护的箱包、包裹等，如有异常状况，首先拨打 110 报警。如果发生爆炸，首先在发生瞬间立即卧倒，面部朝下，以防受到爆炸冲击波的伤害。待冲击波过去后，按照避灾路线或者救灾人员的指挥立即撤离灾区。如果经过爆炸现场，应对受伤人员展开救助。

1. 立即组织幸存者自救互救，并向 120、110、119 报警台呼救。爆炸事故要求刑事侦查、医疗急救、消防等部门的协同救援。普通人员可以在这些人员到来之前帮助保护现场，维持秩序，对伤者进行初步急救。

2. 检查伤员受伤情况，先救命、后治伤。应使神志不清者头侧卧，迅速设法清除其气管内的尘土、沙石，保持呼吸道通畅，防止发生窒息。

若伤者呼吸停止，立即进行人工呼吸和心脏按压。但伤者心肺受损时，慎重采用心脏按压技术，以免造成不良后果。

3. 就地取材，进行止血、包扎、固定。搬运伤员时，注意保持脊柱损伤病人处于水平位置，以防因移位而发生截瘫。

遭遇地铁事故如何自救

地铁事故与火车事故不同，由于地铁在地面下，所以通风、采光都受到限制。事故发生后需要采取以下自救措施。

首先要远离门窗，趴下、低头，下巴紧贴胸前（以防颈部

受伤)，抓住或紧靠牢固物体。车停稳后，要先观察周围环境，然后进行自救。假如车厢两端的出口出现堵塞，可以用安全锤、高跟鞋或皮带扣等尖锐物品，敲击玻璃的四角或四条边的中间部位，待出现裂缝后用脚踹开。如果路轨还通着电，要等工作人员通知已经断开电源后才能下车。

地铁相撞事故造成的意外伤害有以下几种：自身碰撞或惯性作用导致头颈部、胸腹部和四肢损伤；内脏相互碰撞挤压后的损伤；钝器或锐器刺伤。

要特别注意以下几点：切勿在地铁运行中跳车；事故发生时迅速在原地保护好自己的头部和胸部；确定车厢不会再移动后，在相关人员的引导下离开地铁；关注轨道情况，切忌在轨道上停留。

城市遭遇洪水如何自救

在城市中遇到洪水时，应首先迅速登上牢固的高层建筑物避险，然后尽快与救援部门取得联系。同时，注意收集各种漂浮物，木盆、木桶都不失为逃离险境的好工具。据分析，洪水中人员失踪的原因，一方面是洪水流量大，猝不及防，另一方面是有的人不了解水情而冒险涉水。所以，遇到洪水时必须注意的是：在不了解水情的情况下，一定要在安全地带等待救援。

1. 避难所一般应该设在距家最近、地势较高、交通较为方便及卫生条件较好的地方。在城市中大多是高层建筑物的平坦楼顶，地势较高或有牢固楼房的学校、医院等。

2. 将衣被等御寒物品放至高处保存；将不便携带的贵重物品做防水处理后埋入地下或置放高处，票款、首饰等物品可缝在衣物中。

3. 扎制木排，并收集木盆、木块等漂浮材料，加工成救生设备以备急需；洪水到来后难以找到适合的饮用水，所以在洪水到来之前可用木盆、水桶等工具贮备干净的饮用水。

4. 准备好医药、取火器等物品；保存好各种尚能使用的通讯设备，这样可与外界保持良好的通讯联系。

5. 受到洪水威胁时，如果时间充足，应按照预定路线，有组织地向山坡、高地等处转移；在已经受到洪水包围的情况下，要尽可能地利用船只、木排、门板、木床等，进行水上转移；若来不及转移，要立即爬上屋顶、高建筑物、大树等，暂时避险，等待救援，不要只身涉水转移。还要注意广告牌、建筑物玻璃，以防受到其伤害。发现高压线铁塔倾倒、电线低垂或折断时，要远离避险，不可触摸或接近，以防触电。

对于家中的财产，不要斤斤计较，更不能只顾家产而忘记生命安全。在离开住处时，最好把房门关好，以免家中财物随水漂流掉。

小提示：在洪灾中，避难者要保持镇定，准确识别路标，切忌盲目乱跑、与其他人发生碰撞，引发不必要的混乱。

遭遇沉船事故如何自救

客轮在航行中发生碰撞、触礁、搁浅、失火等事故时，乘客应首先拨打 110 或水上搜救专用电话 12395 报警，然后在船员的指导下穿上救生衣，在船只没有下沉危险的时候，耐心等待救助。如果船长决定弃船，应在船员指挥下，有序地离开事故船只。要先让妇女、儿童登上救生艇筏。如果来不及登上救生艇筏或救生艇筏数量不够，要在船员指挥下跳水逃生。

1. 跳水前尽可能向上游水面抛投漂浮物，如救生圈、空木箱、木板、大块泡沫塑料等，用作跳水后的漂浮工具。

2. 不要从 5 米以上的高度直接跳入水中，应尽可能利用绳索等滑入水中。

3. 跳水逃生前要多穿厚实保温的衣服，系好衣领、袖口等，以便更好地御寒。

4. 跳水时，深吸气后右手将口、鼻捂紧，左手紧抱救生衣右侧，双脚并拢，身体保持垂直，两眼平视前方；入水时保持脚朝下，头朝上，两腿伸直夹紧，双手不能松开，直至重新浮出水面才可放松。

5. 跳水后要尽快游离遇难船只，防止被沉船卷入漩涡。

6. 跳水后如发现四周有油火，要脱掉救生衣，潜水向横流、上风处游去；到水面上换气时，要先用双手将头顶上的油和火拨开，再抬头转身，面向下风方向深呼吸。

7. 入水后不要将厚衣服脱掉，要尽可能集中在漂浮物附近，出现获救机会前尽量少游泳，以减少体力和身体热量的消耗。

8. 两人以上跳水逃生时，应尽可能拥抱在一起，这样可以减少热量散失，同时也便于互相鼓励，还可增大目标，便于搜救者发现。

9. 如没有救生衣，跳水后应尽可能以最小的运动幅度使身体漂浮。

需要特别注意的是：登船后，首先了解船上救生器具的存放位置和救生衣的穿法；熟悉船上各通道、出入口和通往甲板最近的逃生口；查看船上的乘客定员标识，若发现超载应立即拨打 110。

一旦出现险情，要听从指挥，不要集中于船舶的一侧，以免船体失去平衡导致翻船。在水中要防止被漂浮物撞伤，看见救援船只后鸣哨，并挥手示意。

行车安全攻略

车辆扩大了我们的行走范围，拓展了我们的视野，是现代生活不可缺少的交通工具，然而，近年来的数据显示，车祸已经成为世界第一杀手。因此，行车安全是生活中不可忽视的重要内容，特别是出现紧急状况时，我们要首先学会如何应对。下面将就一些车辆易遇到的状况进行梳理和总结，使人们了解应该如何提前做好安全行车的准备以及如何应对突发状况。

道路交通事故

机动车在行驶过程中可能会发生翻车、落水、碰撞等意外事故，造成人员伤亡和财产损失。作为司机或乘客，首先应该在事故发生的第一时间对自身进行安全防范，将伤亡风险降到最低。

车辆翻车

车辆倾翻过程中，司机要紧紧抓住方向盘，乘客要紧抓座椅背或扶手，所有人员均要两脚勾住踏板，使身体固定，随车翻转。如果车辆侧翻在路沟、山崖边上，应让靠近路沟、悬崖侧的人先下车，按顺序依次离开。否则，车辆重心偏离，会继续向下翻滚。如果车辆向深沟翻滚，所有人员应迅速趴到座椅上，抓住车内的固定物，使身体夹在前后两排座椅中，稳住身体，避免在车内滚动而受伤。

跳车时，应向车辆翻转的相反方向跳跃，以防跳车后被车体挤压。若在车中感到将被抛出车外，应在被抛出车外的瞬间，猛蹬双腿，增加向外抛出的力量，以增大离开危险区的距离。落地时，应双手抱头顺势向惯性的方向滚动或跑开一段距离，以避免二次受伤。

车辆落水

若水较浅，没有淹没全车时，应待汽车稳定以后，再设法从安全的出处离开车厢。若车厢内外的水面大致持平，车厢内有空间时，应迅速用力推开车门或玻璃，同时深吸一口气，及时浮出水面。若水较深，先不要急于打开车门和车窗玻璃。此时，车厢内的氧气可供司机和乘客维持 5～10 分钟的正常呼吸，应先让儿童、老人和妇女的头部保持在水面上。

如果已掉到水里，应尽量采用仰卧位，身体挺直，头部向后，使口、鼻露出水面，继续呼吸。

如果是公共汽车或载有儿童的车辆落水，可手牵手，形成人链，一起逃离汽车，浮出水面。

车辆碰撞

车辆碰撞时，乘客应两腿尽量伸直，两脚踏实，双臂护胸，手抱头，身体后倾。迎面碰撞时，如碰撞的主要方位不在司机一侧，司机应紧握方向盘，两腿向前伸直，两脚踏实，身体后倾，保持平衡；如碰撞的主要方位靠近司机座位或者撞击力度较大，司机应迅速躲离方向盘，抬起两脚，以免因受到挤压而受伤。

如果伤员被挤压夹嵌在事故车内，救助人员不要生拉硬拖，应用机械拉开或切开车辆施救；若车辆压住伤员，不要轻易开动车辆，应用顶升工具（如千斤顶等）或发动群众抬起车辆，再救出伤员。伤员救出后，视情况做合理、必要的紧急处理，再迅速送往医院。

载危险化学品车辆的交通事故

迅速拨打 110 或 122 报警。报警时应先告知事故车辆装载危险化学物品的名称及载重量、是否有泄漏，并认真回答接警员的问题。

发生危险化学品泄漏时，在交警、安监、环保等专业救援人员到达之前，驾驶员和押运员应立即疏散人群，将群众带至上风向的安全地带，并划定警戒区域，疏散围观群众。在有条件的情况下，应迅速控制危害源，采取封闭、隔离、洗涤等措施降低危害的影响。

特别提示：乘坐客车时，不要携带任何易燃、易爆及危险物品上车；不要乘坐非法营运车辆、超员车辆、无牌无证车辆以及有其他违法行为的车辆；乘坐长途大客车或卧铺车的时候，应在车开动之前了解紧急逃生门的位置及使用方法。

自驾车的安全出行

自驾车出行前，要全面检查车况。长途驾驶时，还要了解行驶路线、路况和近期天气变化情况，自带一些常用药品。

驾车出行时，驾驶人、副驾驶座乘客必须系好安全带；出城或上高速公路时，后排乘客也要系好安全带。

如果在乘车或驾车途中车辆出现险情或发生事故，要迅速拨打 122 报警。如有人员伤亡，应及时拨打 120 求救，或求助路过的车辆驾驶人、行人代为拨打。

高速路行驶须知

1. 上高速前将方向打到底，将两前轮最大角度转到头，仔细检查两前轮内侧是否有划伤或起包。

2. 真空胎都无内胎，属于低压胎，没有必要将气充得超过规定值，那样反而徒增爆胎的几率。高速行驶突然爆胎时，车身会迅速歪斜，方向盘向爆胎一侧急转，此时驾驶员要保持镇静，切不可采取紧急制动，应全力控制住方向盘，松抬加速踏板，尽量保持车身正直向前，并迅速抢挂低速挡，利用发动机制动使车辆减速。在发动机制动作用尚未控制住车速前，不要冒险制动停车，以免车辆横甩发生更大的危险。当前轮胎爆裂并已出现转向时，驾驶人不要过度矫正，应在控制住方向的情况下，轻踏制动踏板，使车辆缓慢减速。开车时要养成良好的习惯，双手都不能离开方向盘。

3. 不要轻易地在紧急停车带停车，那里多为货车停下修车的地段，丢弃在地上的报废螺丝很多，而不易被觉察，这些螺丝被轮胎一压便会竖起，扎入轮胎中。进入服务区不要在大车停放区停车。

4. 在高速路行驶过程中，如果遇到前方有载重货车，想要安全超过去，就需要敏锐地观察前方所有货车的车速和间距，在货车驾驶员实施具体操作前先行一步，判断出他们的下一步动向，将安全避让的主动权掌握在自己手里，从而安全超车。

5. 在高速路上行驶，若遇紧急情况刹车，一般只能减轻事故的危害程度，很难根本避免事故的发生，因此，保证安全主要取决于事发前几秒钟的准确观察和判断。要切记，保持安全车速和车距十分必要。

6. 雨天、雪天、雾天堵于高速公路的事故现场时，千万不要安坐于车内听音乐、聊天，要及时到车外，并尽量示意后来车辆停车，保持与自己车的距离，且一定要站在高速公路的外侧护栏外。

7. 在高速公路上因故障不能行驶时，应迅速使用通信设备呼叫清障车并报告交警，尽快将车辆移离高速公路。如有可能，可挂低挡，使用电池带动发动机，将车移到紧急停车带或右侧路肩上，并开启危险报警闪光灯，在车身后 100 米处放置故障车警告标志牌，夜间还须同时开启示宽灯和尾灯，以引起后续车辆驾驶员的充分注意。车内人员要离开汽车，站到护栏以外的路肩上或其他安全地带避险。

8. 如条件允许，尽量在中道即行车道行驶，一方面万一发生意外，左右都有回旋余地，另一方面是为了提防对面车道的大小车，若其爆胎，可能会冲过中间护栏形成迎面撞击。迎面撞击是所有事故中强度最大、后果最严重的。

9. 在高速公路上行车，驾驶人的精神始终处于高度紧张的状态，体力消耗增大，在这种情况下长时间行车会感到单调、枯燥，容易产生松懈或疲劳。因此，在高速公路上行车时，最好隔 2 小时到附近的服务区休息一下；若感觉疲倦或有睡意时，不要再继续驾驶，在服务区好好休息。

安全行车常识

车辆进水时应如何处理

在条件允许的情况下，不建议车辆涉水，如果必须要经过水面，驾驶员应下车估测水面高度，水面高度不要高于轮胎的1/3处。在涉水时，注意不要跟随前车。如果车辆已经进水，发动机熄火，不要再次发动车辆，应及时拨打救援电话。

驾驶室内需要注意的细节

行车之前，检查仪表盘上是否有异常的报警灯在闪烁，如果有，应尽快解决后再上路。驾驶室内挂饰不能太多，以防影响视线。车内物品应摆放整齐，并放在固定位置，不要在开车时翻找物品。另外，易燃、易爆的物体尽量不要放在驾驶室内。下雨、打雷天气尽量将车辆停放于排水系统好的地下停车场，不要将车辆停放在低洼处、大树下或电线杆下。

安全气囊的保护程度

安全气囊可以对在安全气囊弹开范围内的人进行生命保护。但要了解的一点是，在许多情况下安全气囊弹开后也会对被保护者造成一定的伤害，安全气囊并不能确保人员万无一失，它只是降低伤亡的几率。安全气囊在与安全带配合使用时，会减轻车祸的伤害，对驾驶员、乘客形成较好的保护。

转向突然失控时如何处理

不要急踩刹车，应缓慢制动，靠边停车。如果感觉到方向盘有被夺感，可以顺方向修正方向盘。

制动突然失灵时如何处理

手动挡的车辆可以通过降低挡位，利用发动机制动使车辆缓慢停住。脚刹失效的情况下，也可以用手刹辅助制动。在车速较低的情况下，自动挡车辆驾驶员可将挡位拉至最后一挡，拉起手刹，起到制动效果。如果都没有效果，可选择碰撞、摩擦隔离带等方式，迫使车辆停下。

发动机突然熄火时如何处理

在不影响安全的情况下，应打开应急灯、转向灯、报警灯，靠边停车。如果熄火问题没法解决，应打电话请求帮助。

夜间如何安全行车

夜间行车时应正确使用灯光，不可随意开启远光灯，以免影响其他驾驶员的视线。遇到不熟悉的路况时，应停车进行察看，或放缓车速行驶。

女性司机驾车注意事项

留长发的女性在驾驶时最好把头发扎起来，以免打方向时头发遮挡视线。很多女性喜欢穿高跟鞋，但是开车穿高跟鞋非常危险，易误踩踏板，建议在车内准备一双平底鞋。刚领到驾照的女性认为，驾车时能看到车头前端才安全，因此一些身材不高的女性常在驾驶座上放垫子，其实这样反而更危险，一旦紧急刹车，驾驶员就容易从座椅上滑落。在驾驶的过程中，不要受后车鸣笛催促的影响。

带儿童驾车注意事项

外出时，应把孩子放在后排，千万不可放在副驾驶席。如果孩子要喝水，应先停车，再处理孩子的事。稍大一些的孩子若坐在副驾驶席，要关闭安全气囊，因为气囊是按成人身材制作的，对小孩不仅起不到保护作用，反而会造成伤害。儿童的承受能力比成人弱很多，因此一旦刹车，儿童的处境就会非常危险。儿童安全座椅和安全带需要一同使用。此外，车辆如无自动落锁功能，在开车前，务必锁好车门，防止儿童误开，发生危险。

如何握方向盘最科学

由于道路随时可能出现紧急情况，因此，能够快速且毫无阻碍地转动方向盘便成为行车的第一基本要素。科学、正确地握方向盘是安全驾驶的第一步骤。座椅位置的调整以两只手握住方向盘 2～3 点钟与 9～10 点钟方向时手肘微弯为最佳，因为这样可使手臂有充分的活动区域来灵敏操作方向盘。

如何安全停车

在停车时，首先要确定该区域是否允许停车或满足停车条件。停在道路右侧或指定地方时，停车前应减速，并以方向灯示意后方来车及附近行人注意，同时缓慢地向道路右侧或停车地点停靠，轻踏制动踏板，使车停止。必须在坡道上停车时，要选择安全位置，停好后拉紧手刹，最好用石块或垫木支撑车轮。

雪天如何安全行车

建议尽量不要用力刹车，否则车辆很容易侧滑。冰雪路面上行车，应对刹车距离长这个问题的方法很简单——提前刹车，而且不能重刹。通常冰雪路面刹车要做到，初始阶段慢慢地刹车，当车速降到 20～30 千米/小时时再加大刹车力度，让汽车停住。

汽车打滑如何处理

首先，一定要保持冷静，保证正确判断。当后轮滑向右方时，首先要松开油门，向前进的方向（也就是向右）扭转方向盘，不要刹车。这时候可能会滑向左方，此时也不要踩刹车，要再顺着前进的方向（也就是向左）扭转方向盘，这样重复地左右旋转，直至能够恢复对车的控制。

行车时听音乐存在的安全隐患

在驾车中听音乐能让驾驶员的心情放松，同时还能有效地消除驾驶疲劳。但是一定要注意音量的控制和音乐类型的选择。音量不宜过大，否则会分散驾驶员的注意力，还会导致驾驶员的听觉疲劳，不能正确判断路况，容易引发交通事故。

在没有指示灯的交叉路口如何通行

欲通过没有交通信号灯控制和交通进程指挥的交叉路口时，应当减速慢行，并让行人和有优先通行权的车辆先行。有交通标志、标线控制的，让优先通行的一方先行；没有交通标志、标线控制的，让右方道路的来车先行；转弯的机动车让直行的车辆先行；相对方向行驶的右转机动车让左转弯的车辆先行。

在乡村公路行驶时遇上牲畜动物怎么办

动物的随意性大，在乡村公路上行驶，遇见前方有牲畜动物时，应该在离其较远的地方就停车，使用车辆喇叭进行驱赶。待动物离开后再行驶。

使用定速巡航时的注意事项

定速巡航系统并非何时何地都适用。原则上定速巡航要在直线路段、车辆稀少的情况下使用，若路况复杂或天气较差，都不建议使用。

复杂的路况不利于交通安全，比如在乡村道路上，车辆种类较多，行人的随意性也比较大，在定速巡航的情况下，容易措手不及。

从车辆技术本身来说，定速巡航的使用与天气没有直接关系。但如果下大雨，视线不够好，路面有积水，在这种环境下是需要经常变换、控制车速的，而换挡和制动均会使巡航脱离使用，因此使用定速巡航并无意义。

选择太阳镜有讲究

应当选择透光效果适宜、不阻碍行车视线、不缩小视野的太阳镜。建议有经济条件的驾驶员，可以选择较为优质的太阳镜。因为在行驶过程中如果佩戴了不合适的太阳镜，容易造成视觉疲劳。尤其在长途驾驶的过程中，太阳镜阻碍视线将是行车过程中的一大隐患。

车辆自燃应该如何处理

车辆突发自燃的情况下，驾驶员应立即停车下车，远离自燃车辆，拨打 119 火警电话以及保险公司电话。车辆上都备有灭火器，但是如果火势较大，还是应采取避让的措施，以免造成更大损伤。

灾难预防自救知识

地震时的应对策略

任何危险事件发生时，至关重要的都是要保持清醒的头脑和冷静的态度。以地震为例，有人观察到，不少遇难者并不是因房屋倒塌而被砸中或挤压致死，而是由于精神崩溃，从而失去生存的希望，乱喊乱叫，在极度恐惧中“扼杀”了自己。遇到地震时，乱喊乱叫只会加速新陈代谢，增加氧的消耗，使体力下降，耐受力降低；同时会吸入大量烟尘，易造成窒息。

地震发生时，要保持镇静，分析所处环境，寻找出路，等待救援。震时就近躲避，震后迅速撤离到安全的地方。就近躲避需要因地制宜地根据不同的情况做出相应的对策。

大街上

地震发生时，高层建筑物的玻璃碎片和大楼外侧混凝土碎块以及广告招牌、霓虹灯架等，都可能掉下伤人。因此这时最好将身边的皮包或柔软的物品顶在头上，无物品时也可用手护在头上，尽可能做好自我防御的准备；要镇静，迅速离开电线杆和围墙，跑向比较开阔的地区躲避。

旅途中

旅行中，在行驶的车辆里遇到地震时，司机应尽快减速，逐步刹车。而乘客应用手牢牢抓住拉手、柱子或座位等，并注意防止行李从架上掉下伤人。面朝行车方向的人要将胳膊靠在前座位的椅垫上，护住面部，身体倾向通道，两手护住头部；背朝行车方向的人，要将两手护住后脑部，并抬膝护腹，紧缩身体，做好防御姿势。

楼房内

楼房内遇到地震的话，千万不可在慌乱中跳楼。可躲避在坚实的家具下或墙角处，也可转移到承重墙较多、开间小的厨房、厕所去暂避一时。因为这些地方结合力强，尤其管道是经过处理的，具有较好的支撑力，抗震系数较大。厨房和厕所有食物和水源，可以帮助多支撑一些时间。

商场内

在商场遇到地震时，由于人员慌乱，商品下落，所以避难通道可能会发生拥堵现象。此时应躲在近处的大柱子和大商品旁边，或朝着没有障碍的通道躲避，然后屈身蹲下，等待地震平息。若处于楼上位置，原则上以向底层转移为好。但楼梯往往是建筑物抗震的薄弱部位，因此要选准脱险的合适时机。

学校内

在学校里，地震时最需要的是学校领导和教师的冷静与果断。有中长期地震预报的地区，平时要结合教学活动，向学生讲述防震避震知识。震前要安排好学生转移、撤离的路线和场地；震后沉着地指挥学生有秩序撤离。在比较坚固、安全的教室里，可以让学生躲避在课桌下、讲台旁，决不可让学生乱跑或跳楼。

家庭里

地震预警时间短暂，室内避震更具有现实性，而室内房屋倒塌后形成的三角空间，往往是人们得以幸存的相对安全地点，可称其为“避震空间”。它主要是指由大块倒塌物体与支撑物构成的空间。室内易于形成三角空间的地方是：炕沿下、坚固家具附近；内墙墙根、墙角；厨房、厕所、储藏室等开间小的地方。

“生命三角”避险法：所谓“生命三角”，简单地说，当建筑物倒塌时，屋顶混凝土等落在家具或其他物体上并对其产生撞击，使得靠近它们的地方留下一个空间，这个空间就被称作“生命三角”。物体越大，越坚固，它被挤压的余地就越小，利用这个空间的人免于受伤的可能性就越大。

工厂内

车间工人可以躲在车床、机床及较高大设备下，不可惊慌乱跑。特殊岗位上的工人要首先关闭易燃、易爆、有毒气体阀门，及时降低高温、高压管道的温度和压力，关闭运转设备。大部分人员可撤离工作现场，在有安全防护的前提下，少部分人员留在现场随时监视险情，及时处理可能发生的意外事件，防止次生灾害的发生。

影剧院、体育馆等公共场所

听从现场工作人员的指挥，就地蹲下或趴在排椅下，注意避开吊灯、电扇等悬挂物，用书包等保护头部。等地震过去后，听从工作人员指挥，有组织地撤离，不要慌乱，不要拥向出口，要避免拥挤，避开人流，避免被挤到墙壁或栅栏处。

火灾

无论是在家，还是到酒店、商场、歌厅等场所，都应务必留心疏散通道、安全出口及楼梯方位等，一旦发生火灾，即使浓烟密布，也可以摸清道路，尽快逃离现场。

发生火灾时要遵循的逃生原则

1. 迅速撤离。当火灾发生时，切记生命是最重要的。不要因为害羞或顾及贵重物品，而把宝贵的逃生时间浪费在穿衣服或收拾贵重物品上，要立刻逃生。

2. 毛巾保护。逃生时，可把毛巾浸湿，叠起来捂住口、鼻，无水时，干毛巾也行。身边如果没有毛巾，餐巾布、口罩、衣服也可以替代，多叠几层，使滤烟面积增大。一定要将口、鼻捂严。

3. 高层逃生。千万不要盲目跳楼，可利用疏散楼梯、阳台、落水管等逃生自救。也可用身边的绳索、床单、窗帘、衣服等自制简易救生绳，并用水浸湿，紧拴在窗框、暖气管、铁栏杆等固定物上，用毛巾、布条等保护手心，顺绳滑到地面或未着火的楼层。

4. 低层逃离。如果处于低层，被火困在二楼内，若无条件采取其他自救方法且得不到救助，在烟火威胁、万不得已的情况下，也可以跳楼逃生。但在跳楼之前，应先向地面扔一些棉被、枕头、床垫、大衣等柔软物品，以便“软着陆”。

5. 暂时避难。在无路逃生的情况下，应积极寻找暂时的避难处所，以保护自己，择机逃生。

6. 利人利己。若被困人员众多，逃生过程中极易出现拥挤、聚堆甚至踩踏的现象，造成通道堵塞和不必要的人员伤亡。在逃生过程中，如果看见前面的人摔倒，应立即扶起，对拥挤的人群给予疏导或选择其他疏散方向予以分流，减轻单一疏散通道的压力，竭尽全力保持疏散通道畅通。

7. 莫坐电梯。当火势不大时，要尽量往楼层下面跑，若通道被烟火封阻，则应背向烟火方向离开，逃到天台、阳台处，切不可乘坐电梯或扶梯，要向安全出口方向逃生。

8. 寻求救援。若所有逃生路线均被大火封锁，要立即退回室内，用打开手电筒、挥舞衣物、呼叫等方式向外发送求救信号，引起救援人员的注意。

火灾中常见烧伤的急救措施

1. 采取有效措施扑灭身上的火焰，使伤员迅速离开致伤现场。当衣服着火时，可就地打滚或用厚重的衣物压灭火苗，或水浸、水淋等，千万不可直立奔跑或站立呼喊，以免助长燃烧，引起或加重呼吸道烧伤。灭火后伤员应立即将衣服脱去，如衣服和皮肤粘在一起，可在救护人员的帮助下把未粘的部分剪去，并对创面进行包扎。

2. 保护创面。在火场，对于烧伤创面一般可不做特殊处理，尽量不要弄破水泡，不能涂龙胆紫一类有色的外用药，以免影响对烧伤面深度的判断。为防止创面继续污染，避免加重感染和加深创面，应立即用三角巾、大纱布块、清洁的衣服和被单等进行简单而正确的包扎。手足被烧伤时，应将各个指(趾)头分开包扎，以防粘连。

3. 迅速送往医院救治。伤员经简单急救后，应及时送至医院救治。护送前及护送途中要注意防止休克。搬运时动作要轻柔，行动要平稳，尽量减少伤员痛苦。

家庭巧用毛巾防火逃生

使用煤气或液化石油气时，如能常备一条湿毛巾放在身边，万一煤气或液化气管道漏气失火，就可以利用湿毛巾往上面覆盖，立即关闭阀门，便能避免一场火灾。

若楼房失火，人被围困在房间内，浓烟弥漫时，毛巾可以暂时作为防毒面具使用。试验证明，毛巾折叠层数越多，滤烟效果越好。湿毛巾在滤烟和滤除烟中的刺激性物质方面的效果比干毛巾好，但其通气阻力比干毛巾大。对于质地不密实的毛巾要尽量增加折叠层数。同时，要捂住口、鼻，使保护面积大一些，则更有利于自救。

在烟雾中一刻也不能把毛巾从口、鼻上拿开，即使只吸入少量烟雾，也会造成呼吸困难。应该注意，使用毛巾并不能滤除一氧化碳。

另外，高层建筑物着火时，人被围困在楼里，还可以在窗外挂出毛巾，作为求救信号，以得到消防人员的救援。

海啸

海啸是一种具有强大破坏力的海浪。当地震发生于海底时，震波的动力引起海水剧烈起伏，形成强大的波浪向前推进，可将沿海地带淹没，这种灾害称为海啸。海啸在外海时，因为水深，波浪起伏较小，一般不被注意。当它到达岸边浅水区时，巨大的能量使波浪骤然增高，形成十多米甚至更高的一堵堵水墙，排山倒海般冲向陆地。其力量之大，能彻底摧毁岸边的建筑，所到之处满目疮痍、一片狼藉，对人类的生活构成巨大威胁。

2004年圣诞节，10岁的英国女孩蒂莉·史密斯与家人在印尼海滩边散步，当看到“海水开始冒泡，泡沫发出嗞嗞声，就像煎锅一样”时，她凭借所学的科学知识，迅速判断出这是海啸即将到来的迹象。在她的警告下，约100名游客在海啸到达前几分钟撤退，幸免于难。被视为英雄的蒂莉后来在联合国总部受到了国际减灾战略机构的欢迎。

海啸前的征兆

1. 地震海啸发生的最早信号是地面强烈震动，地震波与海啸的到达有一个时间差，正好有利于人们防御。地震是海啸的“排头兵”，如果感觉到较强的震动，就不要靠近海边、江河的入海口。如果听到有关附近地震的报告，要做好防海啸的准备。记住，海啸有时会在地震发生几小时后到达离震源上千千米远的地方。

2. 如果发现潮汐突然反常涨落，海平面显著下降或者有巨浪袭来，并且有大量的水泡冒出，都应以最快速度撤离岸边。

3、海啸前海水一般发生异常，退去时往往会把鱼虾等许多海生动物留在浅滩，场面蔚为壮观。此时千万不要前去捡鱼或看热闹，应当迅速离开海岸，向内陆高处转移。

4. 通过氢气球可以听到次声波的隆隆声。

发生海啸时如何避险

1. 海啸登陆时海水往往明显升高或降低，如果看到海面后退速度异常快，应立刻撤离到内陆地势较高的地方。

2. 发生海啸时，航行在海上的船只不可以回港或靠岸，应该马上驶向深海区，深海区相对于海岸更为安全。

3. 因为海啸在海港中造成的落差和湍流非常危险，所以船主应该在海啸到来前把船开到开阔海面。如果没有时间开出海港，所有人都要撤离停泊在海港里的船只。

4. 如果身处沙滩及沿岸低洼地区，感到地面有强烈震动、发现海水突然退却或听到像即将来临的火车一样的咆哮声，应立刻跑向高地或稳固建筑物的高层。

5. 停止一切水上活动。绝对不要到海岸边去看海啸。当你看到海啸时再逃避为时已晚。绝对不要在海啸中冲浪，大多数海啸就像夹杂着杂物的山洪一样，和冲浪时的波浪不一样。

6. 所有发布的海啸预警都须认真对待，即使不是灾难性的海啸也要如此。因为海啸的某一点可能会很小，而在几公里外的另一点可能会很大，所以即使小的海啸也不能掉以轻心，应当一直待在危险区域之外，直到有关职能机构发布解除警报的信号为止。

台风

台风引发灾害

1. 暴雨灾害。台风暴雨具有来势猛、强度大、范围广、持续时间长的特点，极易造成洪涝灾害。短时间高强度的降水可引起严重地质灾害，江湖泛滥，水库崩溃，冲毁道路，造成交通中断、水电供应中断、工厂民居损毁和人员伤亡等。台风暴雨及其造成的滑坡、泥石流是台风造成较多人员死亡的主要原因之一。

2. 狂风灾害。台风不仅来势凶猛，而且持续时间较长，破坏力极大。台风引起的海浪可以把万吨巨轮抛向半空，拦腰折断，也可把巨轮推入内陆；台风在陆地上可拔树倒屋，引起巨灾。

3. 风暴潮灾害。台风登陆如遇农历月初或月中两次天文大潮，会造成比暴雨和狂风更为严重的风暴潮灾害，它可淹没岛屿、冲毁堤防、涌入内陆，可使数十万人瞬间遭到灭顶之灾。

防台风要点

1. 台风来临前：

(1) 弄清楚自己所处的区域是否为台风要袭击的危险区域。

(2) 了解安全撤离的路径以及政府提供的避风场所。

(3) 准备充足且不易腐坏的食品和水以及手电筒、药品、蜡烛、防裂胶带等。

2. 台风到来时：

(1) 经常通过广播、电视了解最新的热带气旋动态。听从当地政府部门的安排。

(2) 保养好家用交通工具，加足燃料，以备紧急转移。

(3) 检查并加固活动房屋的固定物，检查并关好门窗。

(4) 如果居住在移动房里或海岸线、小山、山坡等容易遭遇洪水或泥石流的地方，要时刻准备着撤离该地。

(5) 撤到避灾安置场所时尽量和朋友、家人在一起。

(6) 无论如何都要离开移动房屋、危房、简易棚、铁皮屋；不能靠在围墙旁避风，以免围墙被台风刮倒导致人员伤亡。

(7) 千万别为了赶时间而冒险趟过湍急的河沟。

3. 台风来临时各种不同环境下的应对策略：

如果刚好在家里——

台风天气，若刚好在家里，尽量不要跑到阳台上。几项准备工作要提前做好，首先，准备好家里的食物、饮用水，检查电路，注意炉火、煤气，防范火灾；其次，关好门窗，检查门窗是否坚固；第三，取下悬挂的东西。

养在室外的动植物，要放到房间去。堆在楼顶上的杂物也要搬进来，否则容易被风吹到楼下砸到人或者车。

台风过境，都会伴随着雷电天气，可能会有停电现象发生，最好在家里准备一个手电筒。

如果刚好在路上——

碰到雷雨天气，先不要惊慌，可以到附近店铺躲躲。千万不要站在大树底下或一些临时建筑（如围墙等）、广告牌、铁塔等的下面。

如果刚好在开车——

台风天气，尽量不要开车出门。因为台风常常伴随暴雨，使驾驶员视线模糊，容易发生交通事故。如果一定要开车，则尽量放慢车速。避免在强风影响区域行驶。停车时，千万不要把车停在大树底下。

4. 台风信号解除后：

（1）坚持收听广播、收看电视，当撤离地区被宣布安全时，才可以返回该地区。

（2）如果遇到路障或者是被洪水淹没的道路，要切记绕道而行；避免走不坚固的桥；不要开车进入洪水暴发区域。

（3）那些静止的水域很有可能因为地下电缆或者垂下来的电线而具有导电性。

（4）要仔细检查煤气、水以及电线线路的安全性。

5. 防台风锦囊：

（1）未雨绸缪应台风。在家拉筑“安全网”。住在楼房中的居民，在台风到来前应检查一下门窗是否牢固，并及时关好窗户，取下悬挂物，收起阳台上的东西，尤其是花盆等重物，加固室外易被吹动的物体。此外，还要留意媒体发布的台风消息，采取预防措施。检查电路、煤气等设施是否安全。台风来临前应准备好手电筒、收音机、食物、饮用水及常用药品等，以备急需。如果家中有病人，还要准备好必需的药品，如常用的抗菌药、感冒药和皮肤病药、眼病药及外科常用药等。特别是家中有高血压、糖尿病、心脏病病人的，应准备好相应药品。

(2) 危险地带莫逗留。每年台风中被砸伤的案例时有发生，因此，台风来袭时，切勿在玻璃门窗、危棚简屋、临时工棚附近及广告牌、霓虹灯等高空建筑物下面逗留。此外，尽量避免在靠河、湖、海的路堤和桥上行走，以免被风吹倒或吹落水中。

(3) 及时撤退保安全。台风来临前，住在低洼地段的居民要进行转移。转移时除了要保管好家里的贵重物品外，还要带上随身的日用品，多准备点衣物和干粮很有必要，免得不够用而重新返回家中，发生危险。如果家里地势较低，转移之前还要垫高柜子、床等家具，把大米、蔬菜等放在高处。

(4) 莫去地质灾害点。台风过境，常常会带来大暴雨，暴雨容易引发山体滑坡、泥石流等地质灾害，造成人员伤亡。如果住在地质灾害易发地区或已发生大暴雨的地区，就要更加注意了。灾后出门，特别是去山区，一定要事先了解路段情况，如遇到溪谷水量暴涨而冲断桥梁，或因塌方而不能通行时，一定要等危险解除以后再前进，千万不要贸然进山。

(5) 不要擅自返家园。当台风信号解除以后，要在撤离地区被宣布为安全后才可返回。回家以后，发现家里有不同程度的破坏时，不要慌张，更不要随意使用煤气、自来水、电线线路等，并随时准备在危险发生时向有关部门求救。

(6) 灾后消毒很重要。台风过后，防疫防病、消毒杀菌工作要及时跟上。居民一定要喝经过消毒处理的水，不要用未经消毒的水漱口、洗瓜果和碗筷，不吃生冷变质的食物，食物要煮熟煮透，饭前便后要洗手。及时清除垃圾、人畜粪便和动物尸体，对受淹的住房和公共场所要及时做好消毒和卫生处理。

山洪泥石流

我国的泥石流主要发生在7～8月份，据不完全统计，7～8月份的泥石流灾害占全年泥石流灾害的90%以上。我国泥石流灾害严重的地区主要有滇西北、滇东北山区、川西地区、陕南秦岭、大巴山区、辽东南山地、甘南及白龙江流域(以武都地区最为严重)。

游客是受泥石流围困最大的群体。泥石流多发生在夏季暴雨期，该期是山区游览的最佳时间。所以，特别提醒夏季出行的游客，应避开泥石流多发区，慎重选择住所的坐落位置，不要住在坡道上或沟壑附近。如果去山区游览，一定要注意天气预报，不要在大雨天进入山区的沟谷。

除了暴雨，地震、大型施工和初春融雪也是诱发泥石流的重要因素。因此，准确预测泥石流也很重要，那么泥石流出现前有什么征兆呢?

若发现河中正常流水突然断流或洪水突然增大，并夹杂有较多的杂草、树木，便可以确认河上游已经形成泥石流。仔细倾听是否有从深谷或沟内传来的类似火车轰鸣或闷雷的声音，这种声音一旦出现，哪怕极微弱也应认定泥石流正在形成，应迅速撤离。

应记住，慌乱不利于逃生，要从容观察泥石流的走向，不要顺着泥石流可能倾泻的方向跑，不要在树上和建筑物内躲避。泥石流的威力要大于洪水，其流动途中可摧毁沿途的一切。要向泥石流倾泻方向的两侧高处躲避。不要在土质松软、土体不稳定的斜坡停留，以免斜坡失衡下滑。应待在基底稳固的高处。

应避开河弯曲的凹岸或地方狭小、高度不足的凸崖，因为泥石流有很强的掏刷功能及直进性，这些地方很危险。

过去许多人“爱财不要命”，因收拾财物被泥石流吞噬的事例数不胜数。有可能的话，逃出时多带些衣物和食品。由于滑坡区交通不便，救援困难，而泥石流过后大多是阴冷的天气，所以要防止饥饿和冻伤。

不要以为刚发生过泥石流的地区比较安全，有时泥石流会间歇发生，如果正驾车穿越刚发生泥石流的地区，一定要当心路上的杂物，最好绕道找一条安全的路线。

旅游者乘汽车或火车遇到泥石流时，应果断弃车逃生，躲在车上容易被掩埋在车厢里窒息而死。

一些依山傍水的村庄或建筑物以及建在山上的宿舍，遇到暴风雨后应格外防范。

如果泥石流使河流堵塞，那么还将出现另外的问题——洪水。应尽可能在任何灾难来临之前疏散人群。

冰雹

我国是世界上冰雹灾害发生较多的国家之一。根据冰雹大小及其破坏程度，可将雹害分为轻雹害、中雹害和重雹害三级。我国降雹集中的季节主要是春季、夏季和早秋时期。由于冰雹是比较难以预测的灾害性天气，所以，对冰雹的防御非常重要。

冰雹来时应该如何应对呢?

1. 得知有关冰雹的天气预报后，应将人畜及室外的物品都转移到安全地带。

2. 冰雹来时尽量不要外出，不得已要出门时，应注意保护头部、面部。

3. 若冰雹来时正在室外，应马上寻找可以躲避的地方，最好是坚固的建筑物。

4. 若正在驾驶汽车或在车内，应立即将车停在可以躲避的地方，切不可贸然前行，以免受到不必要的伤害。

5. 有时，冰雹会伴有狂风暴雨，需特别注意预防及躲避。

旅行安全知识

独行时如何保护自己

独自旅行是很多现代人选择的旅行方式。独自一个人行走在路上，可以享受冒险、刺激的旅程，但旅行中会遇到许多意想不到的问题，那么应该怎样来保障自己的人身安全呢？

行：搭乘汽车要注意观察

不建议女性单独搭车旅行。随手拍照、记车牌号、不坐空车、不在偏僻地落脚、不炫富、不穿着暴露是保证安全的要点。要是乘坐小面包或拼车，要记下车牌号，用手机拍下司机的长相。如果是搭乘出租车，避免夜晚独自去偏远之地。

住：选择正规旅店

去大城市或热门景区，一般应选择正规旅店或青年旅社，以保障人身安全。要注意的有两点，一是财物的保管，二是避免在氛围很好的青旅或酒吧喝醉酒。

如果是住在非旅游目的地的地区，住宿选择性则较少。如果是县城，一般都会有政府招待所，这个是首选；如果是小镇，应选择店面在大路上的旅店；住宿前详细询问店家安全状况。尽量不要夜晚抵达，否则容易被尾随而未觉察。最好提前吃晚餐，也要提前回到招待所，如有陌生人敲门不要轻易开门。

游：对于陌生人的帮助学会适当拒绝

人际交往是很关键的问题。旅途中很容易彼此信任，这是最美好的旅行体验之一，但风险也潜伏在其中。在旅途中，如果遇到本地人热情相待、邀请回家作客、送吃送喝，一般最好采取适当接受、适当拒绝的办法。要注意的是，一定要提前记下对方的电话号码和名字。尽量婉拒陌生男性的邀请，邀请喝酒要拒绝，绝不到陌生人家住宿。

总之，户外旅行，尤其是独身女性，不仅要掌握野外生存等专业技能，也不可忽视防范坏人、自我保护、遇险逃生等基本的安全知识。在遇到危险的紧急情况下，要牢牢记住一条，即以保全生命为第一原则。

自驾游

自驾游就是为了不走寻常路，和伙伴一起走走停停，是件无比放松的事。那么，对于自驾游的爱好者来说，应当如何安全、轻松地完成自驾之旅呢？在旅途中又有什么需要注意的事情呢？

准备

一段完美的行程少不了事前的规划。小到药品，大到旅行

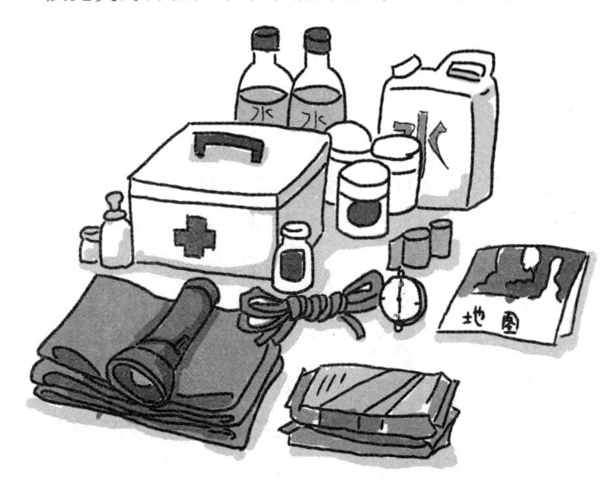

装备，再到路线的安排、酒店的预订，都需要提前做好充分的准备。

设计出行线路

决定自驾前，应提前设计出行线路。先确定要去游览的景区，然后选择行车路线。行车路线的选择要遵循先高速公路、后国道的原则。同时，还要根据地图和熟悉该条路线的朋友所提供的情况，对路况、餐饮、住宿、加油站等所在位置进行了解。除网上查询之外，还可以向旅行社和当地旅游部门咨询。

特别提醒一些自驾游的新手朋友，最好是选择正式开放的景区、景点出游，不要猎奇，不要走道路险峻或未开发的路线。

旅途中遇到突发情况

自驾途中，除了人为可以事先安排计划的事，一些突发情况也特别需要新手们注意。自驾游玩的途中，尤其在山水风景区，很有可能遇到天气突变的情况，诸如早上起大雾或突如其来的雷雨天气等情况时有发生。沉着、冷静是每位自驾车手的必备素质。

在遭遇电闪雷鸣时，不要急急忙忙地下车找地方躲避。因为如果闪电击中汽车，电流会经车身表面传到地面，在汽车内部丝毫感受不到，反而安全。因此打雷时要做的就是将车窗全部关紧，收音机的天线一定要收起来，因为天线有避雷针的作用，会吸收闪电。如遇雾天，应尽量在普通公路上低速行驶，待浓雾散去后，再上高速公路行驶。如在高速公路行驶时浓雾突然来临，应该立即将车驶向最近的服务区或停车场暂避，或把车驶向路肩或紧急停车带停下，开启示宽灯、尾灯、后防雾灯、危险警示灯。

另外，要特别注意的是，应结伴而行，莫疲劳驾驶。由于自驾游一般都需要长途驾车，而且到达的地方一般也是出行者比较陌生的，所以对于初次出游的市民，最好是结伴而行，不要单独出发。尤其是刚学会开车的朋友，不要拿旅行练车，因为此时你对车况、路况都不熟悉。

自驾出行最好有两辆以上的车同行，可以互相照应，车与车之间的距离不要太远。另外，还要控制行车速度。外出旅行，越是平顺的大道，越有可能发生意想不到的事情。

户外自救知识

在野外不论遇到什么意外事故或者危险处境，最首要的不是技术问题，而是调整好自己的心理状况，稳定情绪，切勿慌乱、紧张、沮丧，相信天无绝人之路。只要想办法一定能够自救而脱离危险。无数的历险故事都说明了一点，即良好的心理素质是战胜一切艰难困苦的无价之宝。

1. 急救电话。旅游者必须知道医疗急救电话 120，出现意外要及时和当地医疗急救部门取得联系。

2. 旅游带药。外用药：清凉油、风油精及外用驱蚊剂——防治蚊虫叮咬；创可贴——用于皮肤外伤。口服药：乘晕宁——防治晕车；黄连素或氟哌酸——用于肠道感染引起的腹泻；颠茄片——用于腹痛；藿香正气胶囊——用于热伤风、感冒；息斯敏或扑尔敏——用于各种过敏；百服宁或去痛片——用于头痛及关节痛、肌肉痛；安定——帮助睡眠。此外，有心脏病、糖尿病、高血压病的病人应携带平时用药以及应急用药，如硝酸甘油等。

3. 野外迷路。当我们刚发现难以确定自己的方位时，一般情况下并未走多远，不会找不到路。这时切记不要盲目前进，要先弄清自己的位置。有地图的话，先查一查图例，看看每个符号代表什么，并且找出自己立足处大概在地图上的位置。看看周围有没有与地理标识相符的地理特征。就算没有地图和指南针，也有可能找到通往安全地方的路线。首先考虑能否返回刚才走过的大路。不可能往回走时，就要观察环境了。如果看见道路或房屋、电线杆等，应朝它走去。公路、输电线和电话线会有人定期巡查，你不用等很久就会遇到人，他们会帮你找到该走的路。

4. 食物中毒。食物中毒是旅游常见的意外伤害。急救措施如下：食入不洁食物 1 小时内发病的病人可催吐排毒，先喝水，再用手指抠嗓子，促使自己呕吐，排出胃内容物，如此反复进行；口服黄连素 2～5 片或氟哌酸 1～2 片，每日 3 次；腹痛者可服颠茄片 1～2 片；避免进食难消化的食物，可多饮水，最好是糖盐水。症状严重时应及时拨打 120 急救电话。

5. 毒蛇咬伤。蛇咬后伤口有牙痕并伴有红肿和剧痛，伤者出汗、视力模糊、呼吸困难、恶心呕吐，严重者意识丧失、呼吸停止。急救措施：迅速用有弹性的条状物在伤口近心端结扎，防止毒素随着血液循环；用清水冲洗伤口并用冰块敷在伤口上；可在伤口上拔火罐，或用吸奶器吸出毒液；尽快赶去医院。

6. 晕车晕船。可提前口服乘晕宁；尽量不要空腹乘车，应先吃些食物；系紧裤带，防止内脏晃动；如发生晕车晕船，应尽量目视远方，持续做张口深呼吸。

7. 创伤出血。止血的方法主要有：对渗血主要采用伤口加压包扎止血，用手帕等物将伤口紧紧包扎即可；对头部及肢体大动脉出血，没有骨折时要马上采用指压的方法：迅速用手指将出血处向下按压，或直接压迫出血部位的供血动脉，这是对大出血者首先采取的应急措施；对四肢出血还可以采用扎止血带止血。

8. 毒虫叮咬。毒虫包括蜂类、蜈蚣、蝎子及毒蜘蛛等，被咬后局部红肿剧痛，但大都没有生命危险。处理方法是：先在伤口近心端扎止血带，然后用镊子拔出毒针，吸出毒液后松开止血带；伤口可以冰镇及涂抹肥皂水、氨水以减轻疼痛。注意，少部分人在被毒虫咬后会产生严重的过敏反应，出现皮肤发红及红斑、面部及眼睑肿胀、呼吸困难等症状，这时应立即口服抗过敏药并送医院抢救。

野外遇雷雨天气的自我保护

在户外遇到雷雨等危险天气该如何应对呢？首先，要知道闪电的危险性在于可能会击穿物体和人体，引起火灾或烧伤，且所产生的雷声可能会震破人的耳膜。所以，应该记住：

1. 汽车往往是极好的避雷设施，可以躲在汽车里。

2. 最好的防护场所是洞穴、沟渠、峡谷等。

3. 如果在露天场所，应蹲在离孤立的大树高度的 2 倍距离之外。

4. 当你感觉到电荷时，即头发竖起或皮肤发生颤动，那很可能就是受到了电击，要立即倒在地上，进行自我保护。

5. 如果在孤立的凸出物附近躲避，则该凸出物的顶部至少应高出自己头部 15～20 米。

6. 避开地裂缝、成片地衣以及半悬空岩石。

7. 万不得已，可以坐在散乱的石块中间。

8. 在地形险要处要用绳子把自己拴牢。

9. 如果进洞避雷，应离开所有垂直岩壁 3 米以外，以免岩壁导电伤人。

特别提示：身上不要有任何金属物。把带在身上的一切金属物拿下放在背包中，尤其是带有金属的眼镜框、皮带扣头、登山杖等，一定要拿下来。还要注意的一点是，大家不要集中在一起，避免集体受灾。

高原反应的救助常识

随着青藏铁路的开通，越来越多的人可以轻松抵达高海拔地区饱览高原风光，也将会有越来越多的人可能遭受高原反应的煎熬。对于高原反应，我们既不必谈之色变，也不能轻视它带来的危害。

高原反应，即高原病，指未经适应的人迅速进入 3000 米以上高原地区后，由于大气压中氧分压降低，机体对低氧环境耐受性降低，难以适应而造成缺氧，由此引发一系列的高原不适应症。当然，除了高原缺氧的因素之外，还有恶劣天气，如风、雨、雪、寒冷和强烈的紫外线照射等，都可能加剧高原不适应并引发不同的高原适应不全症。我国将高原病分成急性高原病和慢性高原病。对于个体来说，发病常常是混合性的，难以分清，整个发病过程中，在某个阶段中以其中一种表现较为突出。

高原反应的症状及自我判断

部分初次进入高原的人，在海拔 3000 米的高度，24 小时内会出现头疼、头晕、眼花、耳鸣、全身乏力、行走困难、难以入睡等症状，严重者出现腹胀、食欲不振、恶心、呕吐、心慌、气短、胸闷、面色及口唇发紫或面部水肿等症状。出现这些症状，应在原高度处停留休息 3～5 天，或立即下降至数百米高度，一般就可恢复正常。

有报道说，3500 米以下的高原反应发病率为 37%～51%，3600～5000 米的发病率达 50%。这说明高度越高，高原反应的发病率越高。

严重的高原反应对人体的伤害是比较大的，因此，在进入高原后，如果出现了下列症状，应意识到已经发生高原反应：

1. 头部剧烈疼痛、心慌、气短、胸闷、食欲不振、恶心、呕吐、口唇指甲紫绀。

2. 意识恍惚，认知能力骤降。主要表现为计算困难，在未进入高原之前做一道简单的加法题，记录所用时间，在出现症状时，重复做同样的计算题，如果所用时间比原先延长，说明已经发生高原反应。

3. 出现幻觉，感到温暖，常常无目标地跟随在他人后面行走。

预防措施及减轻症状的药物

进入高原前严格体检，严重贫血者，高血压病人，明显心、肝、肺、肾等功能不全者，不宜进入高原。肥胖者由于耗氧量较高，出现高原反应的几率一般大于较瘦者。

初入高原，要减少体力活动来保护心脏，所以要严格掌握登山速度，一般不宜在一天内上升超过 1000 米高。

在进入高原前两天开始至进入高原后三天内，预防性地口服一些药物，如乙酰唑胺、红景天等，可减轻高原反应症状。

高原脑水肿

高原脑水肿是一种重型高原病，发病急，常在夜间发病；发病率低，但死亡率高。其症状除早期高原反应外，还有剧烈头疼、呕吐甚至喷射性呕吐，并逐渐神志恍惚、定向力差，个别人出现抽搐、大小便失禁，最后嗜睡至昏迷，少数人可出现视网膜出血。

判断脑水肿的正确方法是让病人保持半卧位，嘱其按指令用手指指自己的鼻、耳朵、眼睛等，看其动作是否准确。一旦不能，就说明可能发生了脑水肿。

呼吸性碱中毒

在缺氧的环境中，人们会利用加快、加深呼吸的方法来改善缺氧状况，这样会使二氧化碳呼出量增加，导致呼吸性碱中毒。呼吸性碱中毒不仅使脑血管收缩，还可造成意识丧失，引发高原脑水肿。预防呼吸性碱中毒最有效的方法就是用报纸卷成圆锥状，在锥尖处撕开一个直径 1～2 厘米的小孔，将圆锥状的报纸紧贴面部，使呼出的气体再度吸回来，也就是将呼出的二氧化碳再次吸回来，以调节体内的酸碱度，减轻呼吸性碱中毒症状。

感冒

需要注意的是，在高原地区应尽量避免感冒。高原感冒时，发烧温度有假象，测体温的温度常会低于实际温度1℃，所以易被忽视。若发生呼吸道感染，即使很轻微，也可增加发生高原肺水肿的几率。因此，要注意保暖。进入高原后，应减少洗澡次数或不洗。发现感冒初期症状，立即服用抗感冒药。若两天以后再服抗感冒药，一般已无效。

其他注意事项

进入高原，还要注意合理饮食，多吃碳水化合物，少吃难消化的食品。特别提醒要禁止饮酒。饮酒会加快心跳，给尚未适应的心脏增加负担；饮酒会扩张全身血管，使得皮肤散热增加，于是再度加快心跳，周而复始，恶性循环，心力衰竭和高原脑水肿发生的几率大大增加。

高原环境、长期缺氧等都可造成红细胞数量明显增多，血液黏度升高。登山时出汗量过多，加上过快、过深地呼吸，体内水分消耗量增加，也会加重血液黏稠度。黏稠的血液导致血液循环不畅，供血、供氧不足，不少人因此出现剧烈头疼、胸闷、气短、疲惫等症状，严重时心力衰竭。所以，每天至少要喝3～4升水来保证机体水分充足。血液稀释后可以减轻心脏的负担，降低高原反应发生几率。合理补充水分以尿量充足、尿液清澈为准。

并不是每一个登上高原的人都会出现高原反应，高原反应的发生率、恢复的快慢与个体代偿适应能力有关，个体差异很大，这次没有高原反应的人未必在下一次登上高原时也没有反应。有一些人会每次都发生高原反应，这些人就是高原反应敏感者或高度易发者。这里需要提醒大家的是，高原反应并非通过反复锻炼就可以完全克服。所以，为保证身体健康，建议高原反应易发者不要继续攀登太高的地区，在低海拔地区登山一样能陶冶情操和锻炼身体。

旅游遭遇自然灾害如何应对

旅游在给人们带来快乐新奇之余，也存在着一些潜在的风险。当我们在旅途中遭遇雪崩、火山喷发、山火等自然灾害时，应该如何沉着应对？这是每一位对生命负责任的旅行者出行前需要认真思考和学习的问题。

雪崩发生时

1. 发生雪崩时，不要向下跑，向旁边跑比较安全，也可跑到较高处或坚固岩石的背后，以防被雪埋住。

2. 如果被雪崩赶上而无法逃脱，要迅速抓住山坡旁边任何稳固的东西，如大树和大石；闭口屏息，以免冰雪进入喉咙和肺部。

3. 若被冲下山坡，要尽量爬上雪堆表面，同时以仰泳、俯泳或狗爬式逆流而上，逃向雪流的边缘。

4. 若被雪埋，要尽快弄清自己的体位。判断体位的方法是让口水自流。流不出的为仰位，向左或向右流的是侧位，流向鼻子的是倒位。发觉雪流速度慢时，要努力破雪而出，因为雪一停，数分钟内就会结成硬块。

火山喷发时

遇到火山爆发，逃生时一定要先准备好湿毛巾及眼镜，火山爆发时多伴有地震，除了要注意以上的地震自救知识外，还要实施火山伤害自救。湿毛巾用来防止火山灰进入口腔、鼻腔以致窒息死亡，眼镜则可以在一定程度上保护眼睛不受到伤害。

遭遇山火时

1. 注意风向，避开火头，跑向草木稀疏处，朝河流、公路方向跑。

2. 若被大火挡路，应走到最开阔的空地中央，并清除自身周围易燃物。

3. 若有水，则弄湿全身，遮盖头部。若有水塘、小溪，则赶紧游到其中央。

4. 若火焰逼近无法脱身，应该伏在空地或岩石上，身体贴地，用外衣遮盖头部，以免吸进浓烟。

5. 若在车内，不要下车，并关闭车窗、车门及通风设备。若有可能，急速驾车逃生。

6. 若有可能，可挖洞藏身，等待大火过去。

7. 大火过后，可逆风而行，弄熄余烟，穿过已烧过的火区寻找出路。

野外常见意外受伤的应急救治

人们在山野旅行时可能会遇到意外，在这种情况下，应该如何自救、互救？下面介绍几种应急救治的方法。在旅行途中，身体健康是第一位的，旅游者应该掌握一些常见损伤的处理办法，以便在遇到突发情况时，冷静对待，保持乐观。

流鼻血

在旅游过程中万一出现流鼻血症状，一般可用浸有冷水或冰水的毛巾、布块贴敷在前额、鼻背或颈部两侧；或用干净的棉花、纱条或布条用力塞入鼻内，如果沾些肾上腺素、麻黄素或云南白药则更好；或用拇指、食指紧紧捏住鼻根 5～10 分钟。以上方法均可起到迅速止血的作用。

异物入眼

在旅游过程中经常会有灰尘入眼，切莫马上用手揉搓眼睛，这样容易引起各种眼睛疾病。可以立即闭上眼睛，不时转动眼球，或用拇指和食指做提拉上眼睑的动作，反复几次，这样，异物便会随眼泪排出；也可用手指将上、下眼睑向外翻出，仔细寻找异物，然后用沾有冷水或温水的手帕或棉签将异物拭去。

飞虫入耳

在旅游过程中如果有小飞虫进入耳朵，最简单的办法是往耳内滴油，如菜籽油、麻油等。也可滴一些温水或冷开水，将小虫淹死或将其四肢、翅膀粘住，限制它的活动，然后去医院取出。

擦伤

擦伤一般只是表皮擦伤，属于最普遍、最轻微的伤害。出现擦伤，只需用矿泉水把伤口清洗干净。如果擦伤伤口不深，就无需再处理了。如果有渗血，在矿泉水冲洗干净伤口之后，贴一块止血贴即可。

肌肉拉伤

肌肉拉伤的症状是伤处的肌肉疼痛、肿胀，有明显的压痛，触摸时有发硬的感觉。可根据疼痛的程度推断受伤的轻重，疼痛越重表示受伤越重。

专家建议，一旦出现痛感应立即停止运动。没有冰块和冷毛巾时，则就地取材，让同伴到附近小卖部买瓶冰冻矿泉水，用力按压在疼痛部位，5～10 分钟后拿开片刻，再压敷上去，免得伤者太过疼痛，如此按压 3～6 次。这样做可以减少局部充血、水肿，能减少第二天皮肤的肿胀程度。

肌肉拉伤早期不建议立即用药，经过冰块压敷处理后，回到家可在疼痛处涂抹抗炎镇痛药物毕斯福凝胶等。

挫伤

轻度挫伤的临时处理方法与肌肉拉伤一样，采取冰块加压冷敷的方法。但是我们很多人都有个习惯，被撞后用手不停地揉搓撞伤部位，甚至用热毛巾敷，这是错误的。这种活血的“热处理”应该在 24 小时之后，太早热敷会使淤血渗出。在挫伤发生后的第一天，应予以冷敷，第二天才可改为热敷，可以用活血化淤药物（如红花油），约 1 周后便可基本恢复。较重的挫伤应及时到医院处理。

扭伤

遇到这种情况，先别急着脱鞋，一般运动鞋系得紧，勉强脱下会让受伤部位更加疼痛，况且，穿鞋有压力，相当于按压的作用，可以预防肿块的形成。不要马上用手去揉搓受伤部位，也不要用热水浸泡。正确的做法是用浸过冷水或冰水的毛巾或布块，敷贴在扭伤处；有条件者可向扭伤部位喷解痉剂，使足部温度降低；休息时，注意抬高受伤部位，24 小时后再用热水浸泡，以缓解疼痛。

骨折

在旅游过程中如果不小心发生骨折，切忌盲目转动骨折部位的肢体骨骼。在送诊途中可就地取材，用长的树枝或木条固定受伤部位，防止移位加重病情。

外伤出血

在野外旅游时，若被利器割伤，可以用随身带的矿泉水、饮用水冲浇伤口，然后用毛巾包扎。轻微出血可采用压迫止血法，1 小时过后每隔 10 分钟左、右各松开一下，以保障血液循环。还要争取时间，尽快送到医院治疗。

食物中毒

野外旅游途中，吃了腐败变质的食物时，除了会腹泻、腹痛外，严重的还伴有发热或衰弱等症状，应多喝些盐茶水（冲泡浓茶加盐)，亦可用手指探喉催吐，将腐败食物呕吐出来。

旅途中突发疾病如何应对

旅游是一项有益身心健康的活动，但是在旅行当中也会发生一些不愉快的事，如由于旅途疲劳、饮食不当、水土不服等原因引起一些突发性疾病。这些疾病轻者会让旅游者和同伴丧失游玩的兴致，重者可能危及病人健康和生命。下面，给大家介绍一些应急措施。

昏厥

千万不可随意搬动病人，应首先观察其心跳和呼吸是否正常。若心跳、呼吸正常，可轻拍病人并大声呼唤，使其清醒。如病人无反应则说明情况比较严重，应使其头部偏向一侧并稍放低，采取后仰头姿势，然后采取人工呼吸和心脏按压的方法进行急救。

心源性哮喘

奔波劳累可能会诱发或加重旅游者的心源性哮喘。病人首先应采取半卧位，并用布带轮流扎紧病人四肢中的三肢，每隔 5 分钟扎一次，这样可减少流入心脏的血液量，减轻心脏的负担。

心绞痛

有心绞痛病史的病人，出外游玩应随身携带急救药品。如遇到有人发生心绞痛，不可先搬动病人，要迅速给予硝酸甘油，让其含于舌下。

胆绞痛

旅游途中若摄入过多的高脂肪和高蛋白饮食，容易诱发急性胆绞痛。病人发病后应静卧于床，并用热水袋在其右上腹热敷，也可用拇指压迫刺激足三里穴位，以缓解疼痛。

胰腺炎

有些人在旅游时由于暴饮暴食而诱发胰腺炎。发病后，病人应严格禁止饮水和饮食。可用拇指或食指压迫足三里、合谷等穴位，以缓解疼痛，减轻病情，并及时送医院救治。

急性肠胃炎

旅游中由于食物或饮水不洁，极易引起各种急性胃肠道疾病。如出现呕吐、腹泻和剧烈腹痛等症状，可口服痢特灵、黄连素等药物，或将大蒜拍碎服下。

野游中的休息以及饮水

在外旅行途中的休息同样要讲究方法。中途休息一般应是长短结合、短多长少。长短结合，即短时间的休息同长时间的休息应保持一个合理的度。短时间的休息是途中临时的短暂休息，一般时间短（控制在 10 分钟以内），并且不卸掉背包等装备，以站着休息为主，这种休息可次数多一些。长时间的休息在平路旅行一般 2 小时一次，一次约 20 分钟，休息时应卸下所有的负重，先站一会儿后才能坐下休息，不要马上坐在地上。休息期间，可以按摩一下腿部（尤其是小腿）、肩部、颈部等部位的肌肉，同时可以活动一下四肢。休息不能仅仅慵懒地躺倒。

饮水原则：人体的新陈代谢离不开水，在运动中由于出汗蒸发，人体的需水量比平常多，及时地补充水分是必要的。但同样要掌握一个度，出现口渴时，应适当地忍耐一下，不要一渴就喝，每次喝水最多一两口，不要猛喝，过量的水只会加重心脏的负担。科学的饮水应只需满足人体的基本需求。

水源可以是自带的饮水，如白开水、茶水、运动饮料等，途中一般不要喝啤酒、糖分高的饮品。暑天可以预备一些消暑饮料，如酸梅汤、橄榄汤、酸角汤等，它们既解渴，又能达到消暑作用，但这些饮料的浓度要低一些。

旅途中尽量不要饮用天然水，如遇特殊情况必须饮用时，首先要察明水质状况，死水（无进出口的湖泊、水塘、水库等）应当特别注意，如果水域面积大，并有水生动植物生长，且水质清、无污染，才可以饮用。流水并非都可以饮用，有些河流、溪流由于受到上游的工业或生活污染，水质已经变差，如果无净化措施就不能直接饮用。另外，少数林里的溪流，表面看上去是清澈的，但它们可能含有一些细菌、病毒等。有些泉流可能包含有一些不适合人体吸收的矿物质及化学成分。在饮用前眼观纯净、鼻嗅无味、口尝无异味时，方可饮用，有条件时，用火烧开再饮用更保险。

野外如何寻找方向路径

如果独自一人在森林里，手上有地图，却忘了带指南针，能辨别方位吗？太阳东升西落，从太阳的位置，可大致知道方向。但太阳若被云团遮住或下雨时，该怎样判断呢？

若在阴天迷了路，可以靠树木或石头上苔藓的生长状态来获知方位。在北半球，树叶生长茂盛的一方即是南方。若切开树木，年轮幅度较窄、长着苔藓的一方即是北方。

利用太阳

太阳从东方升起，西方落下，这是最基本的辨识方向的方法。还可用木棒成影法来辨识，在太阳足以成影的时候，在平地上竖一根直棍（1 米以上），在木棍影子的顶端放一块石头(或作其他标记)，木棍的影子会随着太阳的移动而移动。30～60分钟后，再次在木棍的影子顶端放另一块石头。然后在两个石头之间画一条直线，在这条线的中间画一条与之垂直相交的直线。然后左脚踩在第一标记点上，右脚踩在第二标记点上。这时，站立者的正面即是正北方，背面为正南方，右手是东方，左手为西方。

利用星宿

在北半球通常以北极星为参照物。夜晚利用北极星辨认方向的关键在于准确地找到北极星。辨识北极星的方法有许多种，这里介绍简单且有效的一种。

首先找到勺状的北斗七星，勺柄上的两颗星的间隔延长 5 倍，就能在此直线上找到北极星。一般称勺柄上的两颗星为“要点星球”。如果看不到北斗七星，就找寻相反方向的仙后星座。仙后星座由五颗星组成，它们看起来像英文字母的 M 或 W 倾向一方的形状。从仙后星座中的一颗星画直线，就可在几乎和北斗七星到北极星的同样距离处找到北极星。北极星所在的方向就是正北方。

以手表看方位

想获知方位，手上却没有指南针时，只要有太阳，就可使用手表探知方位。

将树枝竖立在地面，把手表水平地放在地面，使树枝的影子和时针重叠起来，表面十二点刻度和时针所指刻度的中间方向是南方，相反的一方是北方。

若从事挑战性的生存活动，记住戴上手表，这时指针表比数字表更有价值，因为指针表上的时针、分针在必要时会成为求生的重要工具。

户外运动安全知识

户外运动易遇到的危险

目前户外运动已经被越来越多的人所认可，许多人将其作为亲近大自然的最佳途径。人们在徒步、穿越、登山等各种户外运动中释放情怀，并获得来自大自然的美妙体验。但近来的户外活动中常有事故发生。因此，我们需认真总结户外事故的高发因素，分析如何避免事故发生，让我们在享受户外运动带来的新鲜与刺激的同时，更好地保护自己。

总的说来，造成户外运动危险的因素主要有人为因素、环境因素、气候灾难、混合因素。那么遇到危险应该怎么处理呢？

脱离团队

在野外，脱离团队是非常危险的。所以，队伍出发前应再三强调纪律性；安排一个副领队押后。

个别队员因体能下降或别的原因（例如中途上厕所）暂时离开团队时，应马上通知前面队伍停止前进，原地休息，并安排专人陪同离队队员。无论什么情况，必须两人以上行动，严禁单独行动。

1. 全体队员必须明确每天的路程和到达目的地的时间，不可以全部依赖领队。

2. 每个人都要带地图、指南针、水壶、粮食、灯具、救生盒等必需的个人装备，决不可多人共用某种装备。

3. 万一离队，如果确信自己可以继续走到目的地，就要继续前进，直到和队友会合；如果体能有限或过分恐慌，应先留在原地，再想办法回到团体行进的路线或上一次的宿营地寻找避难所，等待队友救援。

4. 领队应随时注意清点人数，一旦发现有人离队未归，应马上安排整个团队在原地等待并派人搜寻。

迷失方向

在人迹罕至的野外环境中，尤其是在灌木丛生的树林里或遍布大石头的地方，容易因看不清楚路径而在不知不觉中迷路。有时也可能在雨中、雾中或因傍晚时分因视野不开阔而迷路。

迷路时，绝不可慌乱而到处乱走，这样只会更加迷失方向。首先必须安静下来，休息一会儿，然后尽量找回自己有信心找到的地点。沿途要做好标记，并在本子上记录这些标记所在的位置。回到自己有信心找到的地点后，再一次选择方向进行尝试。在沿途做好标记，并注意观察周围的地形、地貌或自然物的情况，直到找到正确的方向，并在适当时候发出求救信号。

没能按照计划到达营地

进行野外活动时，如果行动比预定的时间晚，并且在到达目的地之前天已变暗，应采取以下措施：

1. 如果路程很清晰，现在的位置也很确定，同时也已离目的地不远的话，可以点灯继续前进。

2. 如果发生了其他的不利情况，例如因下雨气温下降、迷路无法回到原地、队员中有人身体不适或在黑暗中行动很危险的话，就要为了预防万一而在当地露宿过夜。此时，如果带有帐篷且找到可以设营的地方，就可以按照一般的方式来设营过夜。如果没有携带帐篷或处在斜坡上无法设营时，就要尽量多穿衣服，注意保暖。若携带了食物和炉具，就可以调理用餐。

3. 为了预防万一，平时就要养成带好充足的水和应急物品的习惯。

遭遇猛兽

除了饥饿的肉食动物或受伤的猛兽以外，一般的动物很少主动袭击人类。只要我们不侵犯它们，它们就不会发动攻击。但是，在狭路相逢或者我们携带的食物吸引它们时，就相当危险了。在行进过程中大声说话、吹哨子，都会惊动一些野兽，如果与熊、野猪等猛兽不期而遇，不要表现得过分惊慌，应看着它们并慢慢后退着远离，有时野兽会自己走开。碰到狼、野狗时，千万不要转身逃跑，应蹲下身捡拾石头、木棍，并背靠石壁或大树，防止它们从后面袭击，并可伺机爬到树上避难。

高空落石

遭遇严重落石时，须趁落石停止的短暂时间，迅速逃离现场。事先应寻找能躲避落石的大岩石或转弯角落，以便通过，戴上一些保护器物（如头盔、厚衣物、木板、铁锅等）保护头部。

如果在多岩石的场所不小心碰落了石块，应高喊“注意落石”通知下面的人，避免因此造成大事故。队伍行进中到达有可能导致落石的陡坡地段，队员之间应该保持一个安全、合适的距离。

宿营时遭遇暴雨

宿营时遭遇暴雨时，要根据周围地形和雨势大小决定是否要作出营地转移决定，将帐篷转移到安全地点；对帐篷进行加固，挖好排水沟；将帐篷内多余物品整理好，收入背包中，随时准备撤离；必须轮流外出值班，一旦发现山洪暴发、泥石流等危险存在，马上撤离帐篷。

沼泽

沼泽地形主要是泥沙淤积而成的，山脊两坡面顺势而下形成合水线，使汇集的雨水经过较长距离后流进水库。随雨水冲下来的泥土、细沙会逐渐淤沉下来，形成烂泥潭——沼泽。

友情提醒：在水库或者河床边上的冲沟渡河，一定要仔细观察地形，选择合适的坚固地段渡河，能绕即绕过去，不要冒险尝试。渡河前要准备好绳索，按照野外集体渡河战术进行操作。

预防：

1. 团体行进时，万一遇到沼泽地和湿地，要留心观察，评估风险，不可冒进。

2. 通过时每5个人用绳索进行结组连接，人与人之间保持2～3米的距离纵向行进。有队员不幸落入沼泽，可获得队

友的及时救助。

危机处理：

1. 如果个人行走时落入沼泽，千万不要乱动，用力挣扎只会越陷越深。

2. 可以松开背包带，把背包带放在身后，仰卧在背包上，先抽出一条腿，再抽出另一条腿。或者把背包放在胸前，仰卧在背包上，“游”出沼泽地。

森林火灾

除闪电和干燥气候引发的火灾外，人为疏忽是山火发生的最大隐患。所以，应注意野外用火安全，严格执行野外用火制度，不乱丢烟头、火种。

野炊时，准备一桶水或沙土放在营火旁边，随时备用。撤营时，必须将营火完全熄灭才能离开。

一旦发生山火，在燃烧初期应尽量灭火；火势失控时，尽量顶风逃往山下或河边等安全地带，避免被火围困。如已被火围困，可砍伐树木或再主动放火，利用火烧后形成的空旷地带来保护自己。

崩塌

崩塌经常出现在山坡、河岸、湖岸、海岸上。

形成条件：

1. 通常发生在50米以上的急陡山坡或者河、湖、海岸上，坡度为30°～60°。

2. 其次是岩溶裂缝发达，结构破碎。主要发生在暴雨、冰雪融化季节。

3. 岩层面与裂缝面与山坡方向一致时，更容易发生崩塌。

4. 暴雨时或经连日暴雨，天然或人工斜坡渗进大量雨水，极易引致山泥倾泻，引发山体崩塌。

预防：

1. 暴雨时或连日暴雨后，避免走近或停留在峻峭山坡附近。

2. 斜坡底部或疏水孔有大量泥水透出，斜坡中段或顶部有裂纹或有新形成的梯级状坡面，露出新鲜的泥土，都是山泥倾泻崩塌的先兆，应尽快远离这些斜坡。

3. 如遇山泥倾泻崩塌阻路，切勿尝试踏上浮泥前进，应立刻后退，另寻安全小径继续行进或中止行进。

危机处理：

1. 队友被崩塌的山泥掩埋，切勿随便尝试自行救援，避免更多人员伤亡。

2. 立刻通知有关部门准备适当工具进行救援。

滑坡

根据速度，滑坡可分四类：蠕动型滑坡，人们凭肉眼难以看见其运动，只能通过仪器观测才能发现的滑坡；慢速滑坡：每天滑动数厘米至数十厘米，人们凭肉眼可直接观察到的滑坡；中速滑坡：每小时滑动数十厘米至数米的滑坡；高速滑坡：每秒滑动数米至数十米的滑坡。其中高速滑坡最危险。

滑坡的主要特点：多出现在暴雨与冰雪融化的季节，且有大雨大滑、小雨小滑、无雨不滑的特点。

不稳定的滑坡具有下列迹象：

1. 滑坡体表面总体坡度较陡，而且延伸较长，坡面高低不平；

2. 有滑坡平台，面积不大，且有向下缓倾和未夷平现象；

3. 滑坡表面有泉水、湿地，且有新生冲沟；

4. 滑坡表面有不均匀沉陷的局部平台，参差不齐；

5. 滑坡前缘土石松散，小型坍塌时有发生，并面临河水冲刷的危险；

6. 滑坡体上无巨大、直立树木。

预防：

1. 野外活动时避免到有滑坡险情或滑坡多发的地区。到滑坡多发地区旅游，要注意险情发生；

2. 野营时避开陡峭的悬崖和沟壑；

3. 野营时避开植被稀少的山坡；

危机处理：

1. 迅速撤离到安全的避难场地。滑坡避灾场地应选择在易滑坡两侧边界的外围。遇到山体崩滑时要朝垂直于滚石前进的方向跑。在确保安全的情况下，离原居住处越近越好，交通、水、电越方便越好。切记不要在逃离时朝着滑坡方向跑，更不要不知所措，随滑坡滚动。

千万不要将避灾场地选择在滑坡的上坡或下坡，也不要从一个危险区跑到另一个危险区。同时要听从统一安排，不要自择路线。

2. 跑不出去时应躲在坚实的障碍物下。遇到山体崩滑，无法继续逃离时，应迅速抱住身边的树木等固定物体，也可躲避在结实的障碍物下，或蹲在地坎、地沟里。应注意保护好头部，可利用身边的衣物裹住头部。

立刻将灾害发生的情况报告相关部门。及时报告对减少灾害损失非常重要。

中暑

引发原因：高温、衣着不当、缺水、疲劳过度、运动时间过长、睡眠不好。

类型：

先兆中暑：头晕、头痛、口渴、多汗、恶心、四肢无力、脉搏加快。

轻度中暑：注意力不集中，意识精神迷糊，动作不协调。皮肤湿冷，体温往往在38℃以上，面色潮红，大量出汗，皮肤滚热，四肢温冷。

热痉挛：大量出汗，口渴，引发肌肉痉挛（俗称“抽筋”）。

日射病：直接在太阳底下暴晒，引起脑细胞受损。

热衰竭：脱水过多，盐分缺失，年迈。

热射病：高温下体力消耗太多。

预防：

1. 合理安排活动时间，早出晚归，避开中午炎热的时候。出行前保证充足的睡眠。不要带着不好的心情或者工作压力参加活动。

2. 头部降温，短时散热。参加活动时，穿着能散热的合适衣服。穿越途中，尽量用水把帽子浸湿，进行适当头部降温。在烈日照射不到的地方行走时，及时把帽子去掉，短时散热。

3. 休息选点，避晒通风。穿越途中，长时间休息要选择能避开烈日暴晒及通风良好、阴凉的地方。休息的时候要快速卸下背包，取下帽子，解开衣袖与领口纽扣，挽高腿裤，以快速散热。

4. 注意行走节奏，避免过度疲劳。少量、多次、及时补充水分及含盐食物，适当搭配一些含丰富电解质的运动饮料。

危机处理：

1. 解衣，通风，脱离高温环境。

2. 让病人多次饮用清凉饮料或者电解质饮料。

3. 把病人的双脚抬高，在头部适当位置涂抹清凉油、风油精，口服人丹、十滴水、藿香正气水、救急行军散等防暑药品。

4. 病人清醒后，就恢复情况决定是否继续行动，若仍不适需由专人陪同，及时送医院。

失温

人体的中心体温为36.5～37℃，手脚表温为35℃。导致失温的原因有衣物寒湿、体表风冷、饥饿、疲劳、年老体弱。

失温的症状：感觉寒冷，四肢冰冷，持续发抖，脸色苍白，记忆减退，语言不清，肌肉不受意志控制，反应迟钝，性情改变或者失去理智，脉搏减缓，失去意识。

参考温度：

40℃——推荐的重温体温。

37℃——正常。

35℃——有失温征兆，发抖。

33℃——严重意识模糊。

30℃——无针刺感觉意识。

28℃——死亡。

危机处理：

1. 保持体力，停止活动或者紧急扎营，不断进食高热量食物。

2. 脱离低温、恶劣环境，及时脱下寒湿衣物，更换保暖衣物。

3. 防止继续失温，协助重获体温，进食热糖水。

4. 保持清醒，给予消化热食，平卧，往睡袋里放置热水袋或者施救者进行体温传导。

5. 意识迷糊、状态严重者，采用40℃温水浸泡。

6. 失去意识时进行人工呼吸。

7. 切勿喝酒、按摩四肢。

登山注意要点

1. 控制每天上升高度，每天上升高度尽量控制在700米左右。

2. 行程合理，勿过度疲劳（控制负重问题很重要）。

3. 大量喝水，保持饮食均衡。

4. 保证睡眠充足，除非很需要，尽量不要服用药品。

5. 不参加新手超过1/3以上的登山队伍。

6. 不安排没有责任感或对户外活动和计划了解不够的人担任留守。

7. 行程计划需缜密完整，并让每位队员都彻底了解。

8. 平时应多训练体能，多学习登山技能，并阅读专业书籍杂志，随时获取登山新知。

9. 登山应有齐全的装备及充足的食物和水。

10. 登山是长距离和高难度的活动，出发前应先做健康检查，尤其是平时很少运动的人，更需认真接受检查。

11. 从上山到下山，均需随时向留守人员或家人报告行踪。

12. 活动前和进入活动区域后，应随时关注气象数据及其变化。

13. 攀登每一座山峰，不管海拔高低和难度大小，均不可掉以轻心。

14. 登山队伍不可拉得太长，应经常保持前后队员的联系。

15. 迷路时应折回原路，或寻找地势较高的安全处避难，以减少体力的消耗，及时发出求救信息并静待救援。

16. 切忌在无路的溪谷中溯溪攀登，亦不可在深山无明显路径时沿溪下山，因为高山、溪流的地形由缓渐陡，登山经验不足、对地势状况不清楚的登山者，容易失足跌落。因此登山时最好能沿途标示记号，或依循前人留下的旗帜辨别方向。

17. 勿让身体及衣物受潮，以免体温散失。

18. 面临危机、疲劳等压力时，维持体温是首要任务，并应随时注意自己及队友的心理变化，设法维持情绪的稳定。

19. 在户外活动时，切勿乱丢烟蒂，严格控制生火，离去时也应将营火彻底熄灭。

20. 活动结束后及时做总结，有助于保障自己和他人将来户外运动时的安全，因此必须认真、切实地执行。

游泳安全要点

1. 下水时切勿太饿、太饱。饭后 1 小时才能下水，以防抽筋。

2. 下水前先试水温，若水太冷，就不要下水。

3. 若在江河湖海里游泳，必须有伴相陪，不可单独游泳。

4. 下水前观察游泳区的环境，若有危险警示，则不能在此游泳。

5. 不要在陌生的峡谷游泳。这些地方的水深浅不一，而且凉，水中可能有伤人的障碍物，很不安全。

6. 跳水前一定要确保水深至少有 3 米，并且水下没有杂草、岩石或其他障碍物。以脚先入水较为安全。

7. 在海中游泳时，要沿着海岸线平行方向而游，游泳技术不高或体力不充沛者，不要涉水至深处。在海岸做一标记，用来留意自己是否被冲出太远，若离得太远，要及时调整方向，确保安全。

如何预防游泳时下肢抽筋

1. 游泳前一定要做好暖身运动。

2. 游泳前应考虑身体状况，太饱、太饿或过度疲劳时都不要游泳。

3. 游泳前先用四肢撩些水，然后再跳入水中。

4. 游泳时如果胸痛，可用力压胸口，等到稍好时再上岸。腹部疼痛时，应及时上岸，最好喝一些热的饮料或热汤，以保持身体温暖。

水上救护

1. 自我救护。自我救护是指在水中遇到意外险情时进行自我保护。

(1) 抽筋。在水中抽筋时，自我解救的方法主要是拉长抽筋的肌肉，使收缩的肌肉松弛并伸展。抽筋常发生的部位有大腿、小腿、手指、脚趾、腹肌，自救通常采用如下方法。

①大腿、小腿或脚趾抽筋。保持镇静，先吸一口气，仰浮在水面上，用抽筋肢体对侧的手握住抽筋肢体的脚趾，同时用力拉向身体，并用同侧手掌压在抽筋肢体的膝盖上，帮助抽筋腿伸直。

②手指抽筋。将手握拳，随后用力张开，反复几次，直到不抽筋为止。

③胃部抽筋。先吸一口气，仰浮于水中，再迅速弯曲两大腿，向胸部靠近，双手抱膝，随即向前伸直，要保持身体平

衡，动作自然。胃部抽筋时，最好用手轻划水进行仰浮和静仰浮，待缓解后再慢游上岸。

(2) 被长藤植物或围网缠住。可采取仰卧姿势或下潜进行解脱（要镇静，划水动作和解脱动作要小，不要全力挣扎），解脱后再从原路游出。

(3) 被漩涡吸住。可平卧水面，从漩涡外沿全速游出。不穿底的漩涡，有入必有出，顺水势即可，但必须在水过头前吸足一口气。如果是穿底漩涡，要全力游出；如果游不出，抬头深吸一口气，伸直身体，争取穿底而过。

(4) 头晕。游泳时产生头晕的原因有：初学游泳者，下水后心跳加快，头晕眼花，耳道进水，血液重新分配；空腹游泳。感觉头晕时要镇静，可点压内关穴和用指甲掐无名指第一节指骨横纹处；如果因空腹游泳血糖低而头晕，点压后轻划水面并水平躺一下，然后慢游上岸。

(5) 呛水。呛水是指水从鼻孔或口腔进入呼吸道，非常危险。人都有吸水不适的自我闭气本能，本能闭气反应时，及时调整头位，鼻子向下，并保持镇定，用口、鼻吐气，把水呼(吐)出。在游泳中，要多练习踩水和呼吸动作，要适应风浪，避免呛水。

(6) 耳中进水。在水中可用吸引法除去耳中的进水。将头偏向有水的一侧，用手掌紧压有水的耳朵，闭气，快速提起手掌，反复几次即可；也可在岸上将头偏向有水一侧，手扯耳朵，原地单足连跳几次即可。

2. 间接救护。间接救护是救护者利用救生器材，对较清醒的溺水者施行救护的一种技术。救生器材包括救生圈、竹竿、木板、轮胎、泡沫块、绳子等。

(1) 救生圈。最好在救生圈上系好绳子，当发现溺水者时，可将救生圈掷给他，待溺水者得到救生圈后，将其拖到岸边。

(2) 竹竿。溺水者离岸较近时，可把竹竿一头递给他，等溺水者抓住竹竿后将其拖至岸边。

(3) 绳子。救护者手握绳子一端，将盘起来并系一漂浮物的另一端掷到溺水者前方，待溺水者握住绳子后，将其拖上岸。

(4) 木板、泡沫块。木板、泡沫块可作为救生器材，在水中漂浮，溺水者可借助木板、泡沫块浮力，摆脱危境。

3. 直接救护。直接救护是救护者不借助任何救生器材，徒手对溺水者进行施救的一种方法。施行直接救护时，溺水者处在昏迷状态，没有能力进行自我救护或接受间接救护。直接救护可分为入水前观察、入水、接近溺水者、水中解脱、拖运上岸、岸上急救等过程。

(1) 入水前观察。救护人员在入水前应观察溺水者的被淹地点、浮沉情况，要辨别溺水者是昏迷下沉，还是在水中挣扎，要明确溺水者与自己的方位，选择离溺水者最近的地点下水。

(2) 入水。发现溺水情况后，救护人员从岸边跳入水中准备救护的过程，称为入水。在熟悉的水域或游泳池，可采用“鱼跃式”动作，直接潜入水，加快速度，争取时间。在不熟悉的水域，可采用“八一”式动作入水。当身体接近水面时，两腿夹水，手臂迅速压水。

(3) 接近溺水者。溺水者在静水中，救护人员可以直接游向溺水者；溺水者在急流的江河中，救护人员应从溺水者斜前方入水施救。

(4) 水中解脱。水中解脱是救护者在接近或寻找溺水者时被溺水者抱住后施行解脱，并进行有效控制溺水者的一项专门技术。解脱方法通常有虎口解脱法、托肘解脱法、推扭解脱法、扳指解脱法和外撑解脱法。

(5) 正确拖运。拖运是指救护者采用侧泳或反蛙泳进行水上运送溺水者的一项技术。救护者和被救者的口、鼻要露出水面，保证双方的正常呼吸。

(6) 利用地形。溺水者较清醒且离岸较近的，直接用手把溺水者推拖到岸边，要避免被溺水者抱住。溺水者离岸较近且水深3米以下时（如游泳池），要擅于吸气后潜水蹬底，推拖溺水者前进，即每次蹬底前进几米，把溺水者救上岸；要擅于蹬底抬头吸气，即使被溺水者抓住，救护人员也容易挣脱和确保自身安全。

(7) 拖运上岸。遇到处于昏迷状态的溺水者，先将其拖运到岸边，再将其抱上岸以便抢救。

(8) 岸上急救。将溺水者救上岸以后，首先要观察溺水者的病状，然后再决定如何施救。轻度溺水者，可让其俯卧吐水。一人趴下，把溺水者腹部放在俯卧者背上，溺水者头向下，然后将溺水者仰卧平放在地上，用手指捏住其鼻子，做嘴对嘴的反复吹气，每次向溺水者吹进约1500毫升（成人多些，儿童少些）的空气，吹气后嘴和捏鼻的手同时放开。必要时，用手掌反复按压溺水者胸部，帮助其呼吸。

户外漂流的安全事项

每年的4月至10月是漂流的最佳时期。驾着无动力的小舟，在时而湍急、时而平缓的水流中顺流而下，在与大自然抗争中演绎精彩的瞬间，就是漂流。这是一项勇敢者的运动。一个出色的舵手，不仅能在重重的漩涡中穿梭自如，更能保护自己和同伴的安全。

1. 出发前在穿着上应尽量选择简单、易干的衣服，但不要太薄或色彩太淡，不然掉到水里会很尴尬。另外携带一套干净的衣服，以备下船时更换，同时携带一双塑料鞋，以备在船上穿。在气温不高的天气参加漂流，可自带雨衣或在漂流出发地购买雨衣；戴眼镜的人员要用皮筋系上眼镜。

2. 漂流时不可携带现金和贵重物品上船。若一定要带相机的话，最好带价值不高的傻瓜机，并事先用塑料袋包好，在平滩时打开，过险滩时包上，而且要做好可能落入水中的思想准备。

3. 上船第一件事是仔细阅读漂流须知，听从船工的安排，穿好救生衣，找到安全绳。漂流船通过险滩时要听从船工的指挥，不要随便乱动，应紧抓安全绳，收紧双脚，身体向船体中央倾斜。若遇翻船，完全不用慌张，要沉着冷静，因为你穿有救生衣。不得随便下船游泳，即使游泳也应按照船工的意见在平静的水面游，不得远离船体独自行动。

4. 安全过险滩。在漂流的过程中要注意沿途的箭头及标语，它们可以帮助你找到主水道并提早警觉跌水区。到达险滩前，可先预测一下顺流而下的大致方向，然后通知大家收桨，将脚收回艇内并拢，双手抓紧船沿上的护绳，身体俯低，不要站立起身，稳住舟身重心，保持平稳，一般就能安然渡过险滩。

5. 冲出漩涡。河道水流较深时，常会出现漩涡，此时应尽量避免被卷入，应绕行而过。如果被卷入的话，要保持镇静，让艇顺着洄流旋转，等转至漩涡外围时，大家全力划桨即可冲出困境。

6. 避免冲撞。保持平稳、避免冲撞是漂流过程中必须恪守的原则。实在无法避免时，要将舟身控制在正面迎撞的角度（侧面碰撞容易导致翻船），人员抓紧绳索。冲撞后舟身会与岸平行，此时乘员要注意收脚以免夹伤。有时艇与艇之间会靠得很近，为避免冲撞，双方要相互配合往反方向划桨或抵开船身。

8. 搁浅。石头密集之处，水道变窄、水的深度变浅，水流变急，很容易发生搁浅。此时不必慌乱，可用桨抵住石头，用力使艇身离开搁浅处。若此招不行，就要派人下水，从旁侧推拉，使艇身重入水流，而拉艇的人则要眼明手快，注意安全。

9. 落水。万一不小心落入水中，千万不要惊慌失措，救生衣的浮力足以将人托浮在水面上，而艇上的同伴应当伸出划桨让落水者攀抓。若落水者离橡皮舟较远时，要想办法上岸或停留在石头的背水面（迎水面水流强且容易被橡皮艇撞到），等待救援。

10. 翻船。翻船多发在水流湍急的区域，往往是因为有人落水而造成漂艇重心不稳。翻船后应保持镇定，先将艇身扶正。重新登艇时注意两侧受力均衡，一侧人员爬上艇时，另一侧要有人压住。掉落的划桨要及时拾回。

户外急救之快速止血

出血的后果及危险

户外活动，创伤是在所难免的，皮肤破损、血管及神经断裂、骨折等都不可避免地会造成出血。

出血分为外出血和内出血。外出血如果不是大动脉出血，得救的机会比较多；但内出血就不乐观了，因为内出血伤者在出血初期没有感觉，当出血量达到一定程度，伤者会处于休克状态，加上腹部剧烈疼痛，想呼救都很难了。出血的危险程度还和血管性质有关，动脉出血的危险很大，骨折出血也不能轻视。

一个人的血量大约占体重的 8%，失血量小于总血量的 5%（200～400 毫升）时不必惊慌，人体可自动代偿；失血量大于总血量的 20%（800～1000 毫升）时，伤者会出现面色苍白、意识模糊、肢体湿冷、呼吸浅快等症状，并进入休克状态；一次失血超过总血量的 30%，尤其是急性大失血时，伤者未经积极有效的急救，会有生命危险。

出血的后果如此严重，所以在户外活动时要当心，尽量避免创伤。虽然创伤不可避免，但也要学会保护自己和他人。

轻微损伤

皮肤擦伤是户外活动中最常见的损伤，即便损伤范围比较大，也不过是浅表损伤和毛细血管出血，不可能造成大量失血。伤口处理主要以预防感染为主。包扎前，应用肥皂水冲洗伤口，然后用流动自来水将伤口冲洗干净，直到伤口没有异物为止。野外条件不许可的，可用其他清洁水，如水壶中的白开水、矿泉水等。在出血部位周围皮肤上用碘酒或 75%酒精涂擦消毒，局部可使用抗生素药膏或霜剂。最后，用干净毛巾或其他软质布料做成的敷料覆盖伤口，再用干净的布、绷带或三角巾等棉织品包扎。

头皮出血比较严重，因为头皮的血管比较丰富，出血量比较多。头皮容易脏，处理时要注意彻底清创，以免感染，可先剃去毛发再清洗、消毒、包扎。

重大创伤

遇创口较大、出血较多或裂开需要缝合的伤口，要立即采用加压法包扎止血。包扎前，按上述清洗原则处理伤口，严禁泥土、面粉等不洁物撒在伤口上，它们不仅会造成伤口进一步污染，还会给下一步清创缝合造成困难。

户外活动比较严重的创伤，要算滑坠了。滑坠可使人体四肢或脏器受到严重损伤，有些人甚至会当场死亡。

如果遇到四肢开放性骨折，首先应使用指压止血法将出血控制住，然后再利用手头的棉织品加压包扎。如果遇到大动脉出血，难以止血时，还要选择止血带止血。骨盆骨折是一种严重外伤，出血量大且难以止血。怀疑是骨盆骨折时，应立即用宽大的棉织品或三角巾紧紧捆住臀部，将骨盆固定起来，防止骨盆继续出血。再用另外的棉织品将双膝关节绑扎在一起，双膝关节中间用棉织品隔开。三人平托，轻轻地将伤者放在硬板上，使之膝关节屈曲，下方垫上软物，减轻骨盆的疼痛，并将其迅速送往医院抢救。

滑坠、跌落使头部受伤，造成的七窍流血，有可能是颅底骨折的结果，此时若用填塞止血，会使原本能从耳、眼、鼻、口流出的颅内出血积攒在颅内，导致脑疝。正确的做法是利用体位变化让血彻底流出来。当然，颅底骨折是很严重的颅脑外伤，现场还要考虑有无颈椎骨折。一旦颈椎骨折，变换体位就容易造成截瘫。

户外活动的地点，往往距离正规医院较远。因此，在遇到外伤出血时，要冷静判断出血量大小。如果出血量较大，估计在将伤员送至医院救治过程中失血量会大于 800 毫升时，应在现场首先对伤者进行止血处理。

四种常用的止血方法

户外运动常见的创伤按创伤类型分为皮肤擦伤、撕裂伤、刺伤、异物插入、骨折等；按照创伤的部位可分为头面部、颈部、胸部、腹部和四肢创伤。在意外发生的现场，控制出血是非医疗专业人员所能做的影响后期救治效果的措施之一。控制外出血的方法是紧压出血区并持续一段时间，直到出血停止或急救专业人员赶到。出血量与出血速度因损伤程度的不同而异，所以采用的止血方法也不同。常用的止血方法有压、包、塞、捆。

压：当看见伤口流血，最常做的急救动作就是用手按住出血区，这就是压迫止血法。压迫止血法分两种：一种是伤口直接压迫法。用干净纱布或其他布类物品直接按在出血区，都能有效止血。另外一种是指压止血法。用手指压在出血动脉近心端的邻近骨头上，阻断血运来源，以达到止血的目的。找压迫点时要用食指或无名指，不要用拇指，因为拇指中央有粗大的动脉，容易造成错误判断。当找到动脉压迫点后，再换拇指按压或几个指头同时按压。指压止血法虽然操作容易，但不经过系统培训，很难达到止血的目的。

包：无论什么样的出血，最终都要用包扎来解决。包扎所用的材料是纱布、绷带和干净的棉布或用棉织品做成的衬垫。包扎的原则是先盖后包，力度适中。先盖后包即先在伤口上盖上敷料（够大、够厚的棉织品衬垫），然后用绷带或三角巾包扎。这是因为普通纱布容易粘在伤口上，给后续处理增加难度。力度适中指的是包扎后止血有效，且远端的动脉还在搏动；包扎过松，止血无效；包扎过紧，会造成远端组织缺血、缺氧坏死。

塞：用于腋窝、肩、口鼻、宫腔或其他盲管伤和组织缺损处的填塞止血法，是用棉织品将出血的空腔或组织缺损处紧紧填塞，直至止住出血。填实后，伤口外侧盖上敷料后再加压包扎，达到止血的目的。此方法的危险在于，用压力将棉织品填塞结实可能造成局部组织损伤，同时又会将外面的脏东西带入体内造成感染，尤其是厌氧菌感染，常引发破伤风或气性坏疽。所以，通常尽量不要采用此法。

捆：止血带止血法在某些特定条件下是有效的，如较大的肢体动脉出血等。通常止血带用于手术室，对控制肢体出血是有效的，但具有潜在的不良影响，包括暂时地或持续地对神经和肌肉造成损伤，也会因肢体缺血引起全身性并发症，包括酸中毒、高钾血症、心律失常、休克、肢体毁损，严重的甚至会导致死亡。并发症发生与止血带的压迫力量过大和持续时间过长密切相关，因此没有经过严格训练的非医务人员不在万不得已的情况下，不要使用此法。

野外如何上止血带

常用的止血带有橡皮带、止血带、三角巾、有弹性的棉织品如宽布条、毛巾等材料，每次户外出行前要准备若干常用止血带，不要用铁丝、电线、尼龙绳、麻绳等做代用品。

上止血带的位置要求严格。上肢出血，止血带应扎在上臂上1/3段，禁止扎在上臂中段，避免短时间内损伤神经而导致残疾；下肢出血，止血带应扎在大腿上段，尽量不在小腿上止血带，因为小腿骨骼由两根骨头组成，无法捆扎到夹在两根骨头中间较深的动脉。

上止血带前，在肢体无骨折的情况下，先要将伤肢抬高，尽量使静脉血回流，减少出血量，并严格遵守下列要求：

1. 止血带不直接与皮肤接触，利用棉织品做衬垫。

2. 上止血带松紧要合适，以止血后远端不再大量出血为准，越松越好。

3. 止血带定时放松，每 40～50 分钟松解一次，松解时要进行指压止血 2～3 分钟，然后再次扎紧止血带。

4. 做好明显标记，记录上止血带的时间，并交代接替人员。上止血带总的时间不要超过 3 小时。

户外急救的十三种武器

在野外穿越或探险时，除了要配备专业装备外，还建议大家带上一个小小的野外急救盒（或称之为“野外求生盒”）。别看它小，在关键时刻会起到很大的作用。

盒

最好选择一个铝制或不锈钢制的饭盒（最好是带把手的）。饭盒可以用来加热、提水或者化雪。同时，饭盒的金属盖可以当反光镜使用，关键时刻可以发出求救信号。

工具刀

在野外配一把多功能的工具刀是绝对有必要的。工具刀除了集成常规的小刀、起子、剪刀外，还有锯、螺丝刀、锉刀等，甚至有的还带有一个放大镜！

针线包

无论是红军长征途中还是现代化的军队中，针线包一直是军队的野外必备品。当然，现代针线包的功能已经不仅仅是缝缝补补了，针不但可以挑刺，而且能在有些时候弯成鱼钩，通过钓鱼来获得食物。

火柴

在野外，火种几乎是一切。带上防风、防水的火柴是很重要的，但如果买不到这样的火柴，也可以自制一些。方法很简单，将蜡烛融化，均匀地涂在普通火柴上，使用的时候，将火柴头上的蜡除掉即可。为了能更好地发挥火柴的防风、防水功能，可以把它们放在空的胶卷盒内。磷皮（擦火柴用的）也绝对不能忘带。

蜡烛

一小节蜡烛在野外是绝对有用的。你所带的手电筒、头灯等现代化照明装置，会随着电池的耗尽而变成摆设。这时，蜡烛就显示其“英雄本色”了。蜡烛除了照明，还可以用来取暖、引火。如果把一个矿泉水瓶剪去底部做成灯罩，就拥有了一盏野外使用的防风灯，它的“功率”够大，工作效率也不低。

求生哨

求生哨其实就是一般的哨子，不过在野外，哨子可不是用于球场上的判罚，而是可以救你的命。当遇险时，可以用哨声引来救援，或者吓走一些小野兽（不过遇到老虎、熊等猛兽的话，不出声是最佳选择）。

铝膜

铝膜的最大作用是可以反光，使救援人员能够及时发现你。平时也可以把它铺在地上当地席子使用。

指南针

即便你带上了GPS，手表也带有电子罗盘，原始的指南针还是必不可少的。在野外，谁都无法保证先进的设备不出故障，这时，小小的指南针可以帮你找到回家的路。

医疗胶布

医疗胶布是最快的修补剂。当外衣被划破、帐篷被吹裂时，它的作用就显现出来了。虽然它的基本功能是粘贴纱布，但稍微发挥一下想象力，你就会发现它的许多用处。

燕尾夹

燕尾夹虽然是很普通的办公用品，但在野外，它能在很多意想不到的情况下发挥作用。它可以用来夹过断裂的背包带、开线的裤子、脱了底的鞋等。

铅笔

野外严酷的环境，使得铅笔成为我们的最佳选择，也是唯一的选择。建议选择 2B 铅笔。

纸

最好是即时贴，如果是白色更佳。

瓶子

准备几个瓶子，分别装上食盐、水果糖、维生素 C。这些不起眼的食品、药品在危急关头可能是救命的良药。

如何应对雾霾天气

雾霾天气条件下大气污染程度较平时重，会对人体健康造成一定程度的危害。人们应适当停止一些户外活动，尤其是应停止晨练和一些剧烈的运动。注意防止雾霾对老人、儿童和体弱病人等敏感人群的健康造成不利影响。

雾霾天气时的注意事项

1. 喜欢晨练的人不得不停止晨练。晨练时，人体需要的氧气量增加，随着呼吸的加深，雾中的有害物质会被吸入呼吸道，从而危害健康。晨练可以改在太阳出来后再进行，也可以改为室内锻炼。从太阳出来的时间推算，冬天室外锻炼比较好的时间段是上午 9 时。

2. 不要因为雾霾天气就不对室内进行通风换气了。不要把窗子关得太严。家里常有厨房油烟污染、家具添加剂污染

等，如果不通风换气，污浊的室内空气同样会危害健康。可以选择中午阳光较充足、污染物较少的时候进行短时间开窗换气。确实需要开窗透气的话，开窗时应尽量避开早晚雾霾高峰时段，可以将窗户打开一条缝通风，不要让风直接吹进来，通风时间每次以半小时至 1 小时为宜。同时提醒家中以空调取暖的居民，尤其要注意开窗透气，确保室内氧气充足。

3. 尽量远离马路。上下班高峰期和晚上大型汽车进入市区这些时间段，污染物浓度最高。要是因为上下班不得不走在马路边上，那么尽量少说话，并带个口罩。

4. 可以喝清肺润肺的茶。建议多喝罗汉果茶。罗汉果茶可以防治雾天吸入污浊空气引起的咽部瘙痒，有润肺的良好功效。尤其是午后喝效果更好。因为清晨的雾气最浓，人在上午吸入的灰尘杂质比较多，午后喝就能及时清肺。

5. 平时多饮水、清淡饮食、多进食新鲜的蔬菜水果，坚持锻炼，增强免疫力。

6. 雾霾天气尽量少去人多的地方，这些地方空气流通差，易造成呼吸系统疾病交叉感染。

7. 雾霾天气尽量减少外出，外出时可戴棉质口罩来预防呼吸道感染。外出归来应及时清洗脸部及裸露皮肤，也可用清水冲洗鼻腔。

雾霾天气安全驾车技巧

在雾天，由于能见度低、视线不清，驾驶员容易产生错觉，而且由于开不快，情绪难免急躁。同时由于路面湿滑，车辆制动性能变差，开快了容易发生侧滑或倾翻。这样一来，行车安全成为重中之重。在此，我们为你简单介绍一些雾天行车的驾驶技巧和注意事项。

出发前做好检查工作

未雨绸缪，才能决胜于千里之外。要在雾天里驾车出行，有必要在出发前检查好车辆状况，尤其要做到：将挡风玻璃、车头灯和尾灯擦拭干净，检查车辆灯光、雨刮器、制动等设施是否齐全有效。另外，在车内一定要携带三角警示牌或其他警示标志。

行车时开灯要齐全

准备上路时，要打开前后雾灯、示宽灯、近光灯和尾灯，上高速行驶时还要打开应急灯（双闪灯），利用灯光来提高能见度。

“慢字当头”是行车时避免事故的诀窍，车辆之间、车辆与行人之间都要保持充分的安全距离。一般视距 10 米左右时，时速控制在5千米以下。当遇大雾，能见度极低的时候，建议最好尽快停车，把车开到路边安全地带或停车场，待大雾散去或能见度改善时再继续前进。

不要急刹车

冬天浓雾会使路面上形成薄霜或薄冰，如急打方向盘、猛踏或快松加速踏板，则极易产生侧滑。雾天出行，受尽快冲出浓雾包围的急切心理影响，会无意中提高车速，所以要注意减速，尽量把车速控制在能及时停车的范围内。若后车车距太近，可轻点几下刹车，使得刹车灯亮起，以便后车注意。

遇到事故应在100米外设警示牌

在大雾天，如果遇到突发故障停车检修或是交通事故时，应开启示宽灯及应急灯，在车前后100米外处摆放警示牌，并及时通知交通管理部门，有随车应急照明设施的应开启应急照明设施向后方照射以提醒后面的车辆，并在车前后方设置反光标志，人员应该立即离开公路并站在较高处等候交警到达现场。

靠右行驶少走路中央

浓雾行车应该靠右行驶，以公路右侧的行道树、护栏、街沿等为参照物，尽量不要走路中央，有条件的车辆走高速时应开启GPS，它可以提醒你应该在哪个路口转向。雾天在环路或者高速路发生堵车时尽量不要待在车上，驾乘人员必须下车，迅速离开公路，翻过路边护栏，在道外等候，避免后面车辆追尾造成人员伤亡。

视线不好勤用灯光和喇叭

雾天行车应开启前后雾灯、示宽灯、近光灯和尾灯。雾大或走高速时应开启应急灯，利用灯光来提高能见度。需要特别注意的是，雾天行车不要使用远光灯，因为远光灯射出的光线容易被雾气反射，会在车前形成白茫茫一片，开车的人反而什么都看不见。在雾天视线不好的情况下，勤按喇叭可以起到警告行人和其他车辆的作用。当听到其他车的喇叭声时，应当立刻鸣笛回应，提示出自己的行车位置。两车交会时应按喇叭提醒对面车辆注意，同时关闭雾灯，注意减速。

切忌盲目超车

大雾天气，如果发现前方车辆停靠在右边，不可盲目绕行，要考虑到此车是否在等让对面来车。超越路边停放的车辆时，要在确认其没有起步的意图和对面无来车后，适时按喇叭，从左侧低速绕过。另外，要注意路中央的分道线，不能轧线行驶，否则会有与对向的车相撞的危险。在弯道和坡路行驶时，应提前减速，要避免中途变速、停车或熄火。

电梯安全知识

自动扶梯

在乘坐自动扶梯时，如果出现紧急状况，首先要按下扶梯的紧急制动按钮（这个红色按钮的位置在扶梯两端的下方）。手应该抓住扶手，并且站在黄色边框以内，这样裙子或者别的东西不容易被卷进去。在乘坐自动扶梯的时候，宠物应该抱着，孩子应与大人牵手，并与大人并列站立。

垂直电梯

如果发现电梯发生异响，或碰到火灾时，不要乘坐电梯。

1. 上电梯前先停下来看门口是否有危险示意牌，当确认无危险时再进入。

2. 在电梯运行过程中要留心观察，如果电梯运行速度有异常或指示灯异常闪亮，说明电梯有故障，这很危险。应当听从电梯操作员的指挥，待电梯停稳后按秩序走出电梯。

3. 如果感到电梯在运行中猛然间飞速下滑，指示灯飞速闪烁，说明电梯已经失控，这种情况十分危险。当预感到电梯快要到底的时候，要迅速跳起，使身体悬空，待电梯蹾底后再用脚尖着地。这样可使身体免受巨大的冲击，最大限度地减少内脏破损。如果可能的话，也可以用双手抓住电梯顶部某个部位，将身体悬起来。还可以采取双手抱头、下蹲、脚尖着地的姿势，用力吸一口气屏住呼吸，这样也可以起到一定的减震作用。

4. 乘电梯时，若有人被夹住，应尽快通知电梯管理员将电梯停下。若是无人操作的电梯，则尽可能关闭开关使电梯停下。

电梯被困

如果被困在电梯内，可用电梯内的电话或对讲机向有关人员求救，还可按下警铃报警；如果报警按钮无效而手机又没有信号，可以大声呼叫进行求救。不要不停地呼救，要保存体力，冷静观察动静，而且不要强行打开电梯门。

遇到电梯冲顶或者下坠时，第一，不论有几层楼，赶快把每一层楼的按键都按下；第二，如果电梯里有把手，就用手紧握把手，使自己不至于因重心不稳而摔伤；第三，整个背部和头部紧贴电梯内墙，用电梯墙壁作为脊椎的防护支撑；第四，膝盖呈弯曲姿势。借用膝盖弯曲能比骨头承受更大的压力。

消防部门提醒大家，自己被困电梯时，千万不要惊慌，不要擅自采取任何措施，因为发生电梯困人，首先要知道这是一

种故障保护在起作用。具体故障有很多种，可能是停电，也可能是其他电器或机械损坏。在不了解事故原因之前，一切莽撞的逃离行为都会危及生命。

被困者应尽快按下应急按钮，等待专业人员前来救援。如果手机有信号，可拨打急救电话寻求帮助，并且要尽量平复自己的情绪，尤其是老人，被长时间困在狭小闷热的电梯中易引发急病，产生危险，须学习自救方法。被困人员一定要保持良好的心态，不可大声呼喊或剧烈捶打电梯，消耗体力。

不少被困市民在按报警按钮无效、手机也无信号的情况下，试图扒开电梯门，将手机伸到门外拨打求救电话。这种行为是很危险的，因为电梯发生故障后，通常有异常状况，若自行扒门时遭遇电梯突然启动，随时会造成危险。

电梯天花板若有紧急出口，切勿强行爬出。出口板一旦打

开，安全开关就使电梯刹住不动。但如果出口板意外关上，电梯就可能突然开动令人失去平衡，在漆黑的电梯槽里，就可能被电梯的缆索绊倒，或因踩到油垢而滑倒，从而导致从电梯顶部坠落。

此时，如不能立刻找到电梯维修工，可请外面的人打电话叫消防员。一般情况下消防部门赶到现场后，会要求电梯维修人员和物业先行解决，只有在仍然无法打开电梯门的情况下，才会选择使用液压破拆组合工具、撬棍等对电梯门进行扩张，强行打开电梯门。

同时，消防部门郑重提醒，发生火灾时，千万不要使用电梯来脱险，而应选择楼梯逃生。

未成年人遇险救助

遇到危险时，很多大人都不能冷静地处理，何况是孩子。也许这个时候孩子们根本想不起老师（父母）同他们讲过些什么，就算想得起来，也许和当时发生的情况不完全一样，他们也没过多的时间去分析什么情况下该使用什么办法，这该怎么办？这是值得家长和老师们思考的一个问题。平时我们应该多同孩子们玩警察抓小偷、强盗与大兵等游戏，通过游戏锻炼孩子们的临危应变能力，告诉他们在危险的情况下应该如何保持冷静以及如何应对危险，而不是事事都要向大人求救。

车辆安全

司机在发动车辆前一定要先观察，确保安全无儿童后才能启动车辆。孩子家长要重视对孩子的安全监护，注重对孩子进行约束和安全教育，切勿让孩子在车辆边逗留玩耍。而且行车时幼童绝对不能坐在前排，因为孩子身体各部位娇嫩脆弱，经不起撞击，会因汽车发生交通事故或急刹车时的巨大惯性而导致致命伤害。

踩踏事件

事件回放

1. 2009 年 12 月 7 日晚，湖南省湘潭市某中学发生一起伤亡惨重的校园踩踏事件，初步统计共造成 8 名学生遇难，26 人受伤。这一惨剧发生在晚上 9 时许晚自习下课之际，学生们在下楼梯的过程中，因一名学生跌倒，而骤然引发。

2. 2011 年 11 月 25 日，重庆市彭水县桑柘镇某学校发生一起学生踩踏事件，造成 5 名学生严重受伤，数十人轻伤。

预防踩踏发生

1. 发觉拥挤的人群向着自己行走的方向拥来时，应该马上避到一旁，但是不要奔跑，以免摔倒。切记不要逆着人流前进，那样非常容易被推倒在地。

2. 若身不由己陷入人群之中，一定要先稳住双脚。切记远离店铺的玻璃窗，以免因玻璃破碎而被扎伤。

3. 遭遇拥挤的人流时，一定不要采用体位前倾或者低重心的姿势，即便鞋子被踩掉，也不要贸然蹲下身子提鞋或系鞋带，一定要确保自己不摔倒。

4. 如有可能，抓住一个坚固牢靠的物件，例如路灯柱等，待人群过去后，迅速离开现场。

发生踩踏事件如何应对

在拥挤的人群中，如何防范踩踏事件发生，以免引起不必要的伤亡呢？

1. 不要有弯腰系鞋带以及类似的动作。弯腰时身体最易失去平衡而摔倒在地。

2. 逃生时不要紧贴栏杆、墙壁或墙壁的死角，不要从高处往下乱跳。

3. 在拥挤的人群中，左手握拳，右手握住左手手腕，双肘撑开平放胸前，形成一定空间保证呼吸。

4. 不慎倒地时，双膝尽量前屈，护住胸腔和腹腔的重要脏器，侧躺在地。

5. 当发现自己前面有人突然摔倒，要马上停下脚步，同时大声呼救，告知后面的人不要向前靠近。

在人流中不慎摔倒应如何自我保护

如果发生踩踏事件，我们该如何自我保护呢？

（1）先护头胸。在踩踏事故中摔倒的人，一般都是平趴着，身体正面朝下。这种姿势很容易受到伤害。如果在人群中摔倒，应该首先是保护自己脆弱的头后部位和肋骨区域。

（2）手部动作。第一时间要用双手交叉放在颈部、后脑部，双臂夹在头部两侧。

（3）腿部动作。要想办法将双膝尽量前屈，护住胸腔和腹腔的重要脏器。

（4）躯体动作。顺势侧躺在地，这样能形成一定空间来保证呼吸。侧躺在地上可避免脊椎、脑部受到踩踏，即便腿部、身体侧面被踩成骨折，也不至于立即致命。

如果摔倒，最好不要向墙边等狭窄区域移动。因为在这些地方很容易有人摔倒，会导致人压人的情况发生。

如果发现发生了拥挤踩踏事故，旁边的人应该一方面赶快报警，等待救援，另一方面，在医务人员到达现场前，要抓紧时间用科学的方法展开自救和互救。

教育孩子不要轻信陌生人的话

低龄孩子最容易被拐骗和绑架。有丰富经验的刑警介绍，防止此类案件的发生，最重要的是家长要提高警惕，平时要给孩子灌输“四不要”思想：不要跟陌生人走、不要随便吃陌生人的东西、不要随便拿陌生人的东西、一些场合不要围观。在向孩子讲述绑架范例时，不能渲染细节吓到孩子，反而使孩子产生恐惧心理。最好把孩子当作大人，以平等态度与孩子交流，比如问“最近传言有人绑架小孩，你有没有听说过？”“你遇到陌生人会怎么样？”用引导式的思维让孩子开动脑筋自己想办法，并适当地教孩子一些防范措施。

应对危机，冷静机智不可少

发现有人跟踪怎么办

上学和放学的路上，最好与同学结伴而行，遇意外时可以互相帮助。不要单独到荒凉、偏僻、灯光昏暗的地方。当发现有人一直跟着你时，不用害怕，可以尽快到繁华热闹的街道、商场等地方，或到沿路的机关单位向大人求救。生活中要多观察，记住家庭、学校周围的环境特点，尤其应熟悉派出所、治安岗亭、部队营区、大机关单位的地点。在紧急情况下，可以在这些地方得到帮助。

预防侵害的基本方法

可以大叫一声：“住手！想干什么！”“耍什么流氓！”从而起到震慑的作用。当无法摆脱时，立即通过呼喊、打电话、递条子等适当办法发出信号。当自己处于不利的情况下，可故意张扬有自己的亲友或同学已经出现或就在附近，以壮声势；或以巧妙的办法迷惑和稳住对方，拖延时间。

面对校园“小霸王”时怎么办

1. 尽量不与“小霸王”们发生正面冲突。

2. 如果对方过于强大，可以先把钱物给他们，然后报告老师和家长。

3. 在其经常出没的地带，可以请警察出面干预。

4. 同学们在上下学时最好结伴行走。

生活应急救治常识

生活中，孩子也许经常会遇到一些小麻烦：手被刺扎了，腿上被蚊子叮起了包，不小心被树叶划伤了手……了解了下面这些应急小窍门后，就不会看着孩子难受而束手无策了。

被刺扎

怎么做：如果孩子皮肤表面扎了刺，可以用胶带粘住小刺，然后把刺拽出来。如果刺比较大，或者扎进皮肤较深，最好用镊子把刺拔出来。如果没办法把刺取出来，扎刺的地方发红、有感染的倾向，或者孩子感到非常痛时，最好联系医生。

蜇伤

怎么做：马上用卡片边缘或比较钝的刀刮去动物的蜇刺，然后用肥皂水仔细清洗，最后拿一块冰敷在伤口上。因为这样可以避免动物毒液进入孩子的皮肤，而敷冰可以防止水肿及疼痛。如果孩子出现过敏反应、呼吸困难、嘴和脖子周围开始肿胀，或者在伤口周围出现皮疹时，应该马上去医院。

鼻孔堵塞

怎么做：在温水中溶解小半勺食盐，然后将溶解后的液体装在小的喷雾器内，在每只鼻孔喷两下，可以软化浓稠的鼻涕，使之容易被擤出或吸出，同时有助于补充鼻黏膜的水分。

如果出现发烧、持续不断的咳嗽、耳朵疼，或者鼻孔出现黄色或绿色的分泌物，就需要去医院了。

牙痛

怎么做：把毛巾折叠成一个小三角形，其中一角浸入水中，然后放到冰箱里，在冷冻后，让孩子抓着毛巾干燥的一边，咬住冷冻好的另一边，让冰冷的感觉舒缓疼痛，缓解肿胀及发炎的症状。

如果孩子看上去疼得非常厉害，或者冰毛巾根本不能缓解他的疼痛，这时就需要看医生了。

被蚊虫叮咬

怎么做：用液体止汗露或固体止汗药在发痒的包上轻轻地滚动摩擦，如果 5 分钟后还痒的话，就再重复擦一遍。由于止汗露所含的铝盐可以让身体重新吸收包中的液体，包消肿后也就不再痒了。

如果被咬处产生过敏的迹象，如出现红色的瘢痕或越来越痛，或者孩子出现流感的症状（如发烧、头痛、肌肉痛或者腺体肿大等），最好去医院检查，这些症状可能意味着感染病毒。

被刀划伤

怎么做：首先用肥皂水清洗伤口，然后再用干净的温水冲洗，通过流水清洗掉细小的灰尘，从而加快伤口愈合，避免感染，晾干后涂上抗生素药膏，最后用绷带轻轻地包扎好。

如果无法清洗干净伤口，伤口看上去很深或不停地流血，就必须去医院了。

咬断体温计

孩子的好奇心很强，当给他试体温时，会不小心把体温计咬断，咽下了玻璃碎渣和汞（水银）。这时父母往往十分惊慌害怕。其实，只要玻璃碎渣没有卡在食道中，情况就没有那么严重。为了促使咽下的玻璃碎渣尽快进入胃中，可给孩子吃一点食物，玻璃碎渣随大便排出以后就没事了。

吞下的汞会不会造成汞中毒呢？金属汞不溶于胃液，比重很大，到达胃里后很快就进入肠道随粪便排出，故不容易造成汞中毒。但为安全起见，在孩子吞咽汞后，可让其喝些生鸡蛋清或牛奶，它们当中的蛋白质可与金属汞结合，然后用刺激咽部的方法使孩子呕吐，将汞排出体外。金属汞在体内停留过久，会形成有毒的化合物，对人体造成危害，所以要注意观察孩子的大便和有无其他不适表现，如恶心、呕吐等，以便及早就诊。

猫狗咬伤

被猫狗咬伤后，做好现场救护工作十分重要。凡是猫狗咬伤，不要急着去医院找医生诊治，而是应该立即就地彻底冲洗伤口。

冲洗伤口：一是要快。分秒必争，以最快速度把沾染在伤口上的狂犬病毒冲洗掉。因为时间一长病毒就进入人体组织，沿着神经侵犯中枢神经，置人于死地。二是要彻底。由于猫狗咬的伤口往往外口小，里面深，这就要求冲洗时，尽量把伤口扩大，让其充分暴露，并用力挤压伤口周围软组织，而且冲洗的水量要大，水流要急，最好是对着自来水龙头急水冲洗。三是伤口不可包扎。除了个别伤口大，又伤及血管需要止血外，一般不上任何药物，也不要包扎，因为狂犬病毒是厌氧的，在缺乏氧气的情况下，狂犬病病毒会大量生长。

伤口反复冲洗后，再送医院作进一步伤口冲洗处理（牢记到医院后还要认真冲洗伤口），接着应在 24 小时内接种预防狂犬病疫苗。

吃错药

小儿误服药物中毒，除了幼儿出于好奇、模仿大人的行为外，还因为家长对药品常识的缺乏或忽视。那么，如何才能杜绝发生这样的事情呢？万一发生后怎样才能避免酿成严重的后果呢？

小儿误服药物中毒的原因比较复杂，如把带有甜味和糖衣的药物当成糖果吃，把颜色鲜艳、气味芳香的水剂药物、化学制剂当成饮料喝等。这些药物引起的中毒大多是由于家长将药品随意放在桌柜上、枕边或小儿容易拿到的抽屉里造成的。因此，为了防患于未然，有小儿的家庭，应当妥善保存所有药品，最好放在高处或加锁保管。

还有一些儿童药物中毒的病例是由于家长的错误用药而导致的。据报道，某地有一名婴儿出生后，父母为了孩子“强身健体”，竟给他灌服人参汤，结果婴儿终因呼吸衰竭而死亡。由此可见，没有科学的指导，滥用药物是不合理的，甚至是危险的。

家长一旦发现孩子误服了药物，切莫惊慌失措或指责、打骂孩子。正确的处理方法是迅速排出药物，减少吸收，及时解毒，对症治疗。

首先，要尽早发现孩子吃错药的反常行为，如孩子误服安眠药或含有镇静剂的降压药，孩子会表现为无精打采、昏昏欲睡，家长遇到此事，要马上检查大人用的药物是否被孩子动过。

其次，家长要尽快弄清孩子误服了什么药物，服药时间和误服的剂量，及时掌握情况，为下一步制定治疗方案做准备。

如果误服的是一般性药物且剂量较少，如毒副作用很小的普通中成药或维生素等，可让孩子多饮凉开水，稀释药物并及时排出。

如果吃下的药物剂量大且有毒性或副作用大（如避孕药、安眠药等），则应及时送往医院治疗，切忌延误时间。如果误服的是腐蚀性较强药物，在将病人送往医院的时间内，要由有医疗常识的人采取相应的急救措施。比如误服强碱药物，应立即饮用食醋、柠檬汁、橘汁等；误服强酸，应饮用肥皂水、生蛋清，保护胃黏膜；误服碘酒，则应饮用米汤、面汤等含淀粉的液体。

最后值得注意的是，在送往医院急救时，应将错吃的药物或药瓶带上，让医生了解情况，及时采取解毒措施。

小儿消化道异物的应急处理

误吞异物通常见于2～3岁的儿童，因其已会走动，更爱将手中抓着的东西，诸如棋子、硬币、小钉子、纽扣、回形针、玩具的小零件等放入口内，一不小心就会吞入胃中。

当家长发现小孩将异物吞下以后，只要当时未发生呛咳、呼吸困难、口唇青紫等窒息缺氧症状，就不必过分紧张。无需想方设法吐出误吞的异物，因为催吐有时反而会使异物误吸入气管而发生窒息，尤其儿童更易发生。误吞异物用导泻药使之从肠道迅速排出的方法也是错误的，因为诸如钉子、回形针等带尖、带钩的异物，遇到肠管因药物作用快速蠕动时，很可能钩到肠壁上，甚至引起肠壁穿孔。

在一般情况下，异物进入消化道后，除少数带钩、太大或太重的异物外，大多数诸如棋子、硬币、纽扣等异物，都能随胃肠道的蠕动与粪便一起排出体外。为防止其滞留于消化道，可多给患儿吃些富含纤维素的食物，如韭菜、芹菜等，以促进肠道的生理性蠕动，加速异物排出。多数异物在胃肠道里停留的时间不超过两三天，但也有少数经三四周后才排出。每次患儿排便时，家长都应仔细检查，直至确认异物已排出为止。在此期间，患儿一旦出现呕血、腹痛、发烧或排黑色稀便，说明有严重的消化道损伤发生，必须去医院急诊治疗。若经三四周仍未发现异物排出，则应去医院请医生检查处置。

如果患儿吞入钉子、回形针、碎玻璃等尖锐的、带尖带钩的异物，则很难像一般异物那样顺利排出，必须迅速去医院检查处置。因为这些异物随时可能钩住或穿透消化道而造成损伤。

儿童创伤的急救原则

儿童对世界的认识如饥似渴，对任何事情都感到好奇。但是由于儿童对周围环境缺乏认识，自控能力差，加上动作协调性差，容易发生一些意外创伤，如切割伤、跌伤、刺伤、火器伤以及扭伤等。

创伤又分为闭合性创伤和开放性创伤两类。前者指受伤部位皮肤与黏膜完整，没有开放伤口或外出血，主要有挫伤及压砸伤等；后者指受伤部位的皮肤、黏膜破裂而有开放伤口及外出血，并伴有较深的组织损伤，主要有切割伤、刺伤及撕裂伤等。

创伤的急救原则是:

1. 对大量出血的患儿，应首先止血。

2. 对切割伤及刺伤等小伤口，可挤出少量血液以冲洗掉伤口上的细菌和尘垢。

3. 对伤口宜用清洁的水洗净，对无法彻底清洁的伤口，须用双氧水或碘酒消毒。

4. 对于较大的伤口，止血后用清洁的纱布包扎并立即送医院处理。

婴儿及儿童心肺复苏

在心肺复苏中，我们称小于1岁者为“婴儿”，1～8岁者为“儿童”，对这些病人须采取特殊的急救方法。8岁以上者则采用与成人相同的心肺复苏法。

操作要领:

1. 儿童心肺复苏法开始同成人一样，先判定意识是否消失，然后判定呼吸是否停止。抢救者看不见患儿胸腹抬起，感觉不到或听不到呼气时的气流声，应立即打开气道，马上进行呼吸急救。抢救者的嘴必须将婴儿的口、鼻一起盖严进行人工呼吸；如病人为儿童，则像对待成人一样，捏住鼻子，套住嘴进行人工呼吸。吹气时先迅速连续地吹两口气，以便打开阻塞的气道和小的肺泡，避免肺脏回缩。吹气的力量以胸廓上升为度，人工呼吸的频率婴儿为每分钟20次，儿童为每分钟15次。

2. 一旦打开了气道和进行了2次吹气后，就必须检查脉搏。对婴儿一般检查肱动脉，它位于上臂内侧，肘与肩的中点。婴儿胸外按摩的部位在胸骨中部、两乳头之间的连线上，儿童的按摩部位较婴儿低。

3. 对婴儿用中指、食指两个指头进行按摩，胸骨下陷深度为1.5～2.5厘米，频率为每分钟100次。对儿童用一只手掌根，下陷深度为2.5～4.0厘米，频率为每分钟80次。

注意事项：

1. 不论婴儿还是儿童，心脏按摩与人工呼吸的频率均为5∶1。

2. 经抢救后呼吸恢复，应立即去医院继续诊治。

宝宝发生眼外伤

由于年幼缺乏生活经验，对可能触发的伤害认识不足，自我保护及躲避伤害的能力差，因此儿童比成年人更容易发生眼外伤。

1. 让孩子远离鞭炮。由于爆炸产生的冲击力很强，可以造成眼组织挫伤、挤压伤；产生的碎粒可以造成穿通伤；碎粒存留在眼内可以造成异物伤；产生的热能还可以造成眼部烧灼伤。鞭炮爆炸往往造成眼部多种组织严重损伤及全身组织损伤。常常双眼同时受伤，但程度可能不一样。致盲率明显高于其他眼外伤。因此，为了孩子一生的幸福，请让孩子远离鞭炮。

2. 雪也会伤到孩子眼睛。一场冬雪过后，孩子成了雪地的主人，他们尽情地打雪仗、堆雪人，玩得不亦乐乎。但是时间长了，有的孩子会突然感到眼睛痛、怕光而不敢睁眼睛、流眼泪等，这是因为阳光中的紫外线在雪地上的反射量增强，强烈的紫外线对角膜造成损伤。最好的预防办法是让孩子戴上深色太阳镜。

当孩子不幸发生眼外伤时，家长往往惊慌失措，手忙脚乱，这非常不利于患儿的救治。家长应首先冷静下来，对于酸碱等化学烧伤，应尽早清除溅入眼内的化学物质，在受伤现场用清洁的水反复冲洗眼部，或将脸泡入水中，使溅入的化学物质稀释或清除，然后到就近医院进一步治疗。有些家长在孩子受伤后，一味追求大医院，路途耽误大量时间而延误了宝贵的抢救时间。因此在孩子眼睛受伤后切记要争分夺秒、就近求医。

小孩被果冻卡住喉咙如何急救

果冻作为休闲食品，晶莹剔透、色彩绚丽、口味甜美，深受广大消费者特别是少年儿童的喜爱。但是，由于果冻是胶质物，滑软有弹性，不易被溶化，如果吸着吃，果冻容易进入气管，随气管扩张改变形状，不易排出而造成危险。

生活中这种情况很多，一般人常会采用拍打后背的方法来帮助伤者清除进入气道的异物。但事实上，这种方法对清除像果冻、年糕、汤团等具有一定黏性的食物所引起的气道阻塞，往往难以见效。

发生意外后，如果伤者还能讲话或咳嗽，表明气道没有被完全阻塞，要鼓励他把异物咳出来。如果无法咳出，这时可采用哈姆立克急救法。

具体的做法是：施救者站在伤者的后面，以拳头的大拇指侧与食指侧对准伤者肚脐与剑突之间的腹部，另一只手置于拳头上并紧握，而后快速向上方压挤。使横隔膜突然向上，压迫肺部，从而使阻塞气管的异物喷出。

自己被食物噎住无人相助时，设法用东西在横隔膜稍下处使劲挤压，如将腹部靠在桌缘或椅背上，也可用自己的拳头挤压，这样也能把异物吐出。

宝宝摔下床，切忌大意

宝宝从床上摔下，高度为五六十厘米时，一般不会受到太严重的损伤。但也不能大意，万一落地的姿势不当也极有可能造成很大伤害。

1. 宝宝如果摔下后，能够马上大哭，一般脑部受伤的可能性较小。小宝宝最怕摔到后脑，如果面朝下摔，一般危险性较小，只进行外伤处理即可。

2. 宝宝摔后一段时间，尽量与宝宝说话、逗逗他，转移其兴奋点，不要抱着他睡觉。如果摔后哭完很快就睡着了，也要在 1 小时内将其叫醒。如果醒后大哭，就说明没有什么问题了。

3. 摔下床是一件很难预料的事。一旦发生，不要过于惊慌。将宝宝从地上抱起时，动作不要过猛，以免导致其他不必要的伤害。

4. 对于现在的一般家庭来说，宝宝床高度最多五六十厘米，宝宝摔下床一般不会受到太严重的损伤。尤其 1 岁以内的小儿，前囟门尚未完全闭合，颅内有缓冲，引起脑出血等情况的几率会非常低。

5. 宝宝摔到头部后，没有出血而有小肿包时，应立即用冷敷处理。如果肿包较大或较红，可先应急抹点香油，或用湿润的土豆片贴上，有止痛化淤的辅助作用。

6. 宝宝摔到头部时，以下几种情况应立即送去医院：

（1）头部有出血性外伤。

（2）宝宝摔后没有哭，出现意识不够清醒、半昏迷嗜睡的情况。

（3）在摔后 2 天内，出现了反复性呕吐、睡眠多、精神差或剧烈哭闹现象。

(4) 摔后 2 天内，出现了鼻部或耳内流血、流水，瞳孔大小不一等情况。

一般如果摔到头部后引起重度脑震荡或颅内出血，会很快发作，最晚也在 24 小时内发作，所以有症状要尽快去医院。

7. 即使摔到头部，也不要总怀疑是脑震荡。脑震荡的特征是会有一定时间段的意识和知觉丧失。如果宝宝一直意识正常，就不会有问题。宝宝如果有呕吐，可能是受惊吓所致的呕吐，也可能是暂时性脑部受到震荡，一般呕吐两三次后就好了，不同于脑震荡。即使是脑震荡，如果是轻度，也不会有任何后遗症。

8. 宝宝摔到头部后，应观察 2 天。这 2 天内尽量让其多休息、少活动。如果 2 天内精神一直很好、食欲正常，就可完全放心。

宝宝摔下床后，妈妈的悔恨自是无以复加的，但后悔埋怨是无用的，重要的是马上对症处理宝宝的情况，引以为戒。父母暂离时一定要在床周围垒上东西（不能完全保证安全），或放在安全的护栏床内。

小儿疾病的早期信号

呼吸异常：健康的小儿呼吸平静，均匀而有节律性。若出现呼吸时快时慢，深浅不规则，应引起注意。不同的疾病在呼吸上有不同的表现，若呼吸音粗糙，鼻腔内发出呼呼的声音，呼吸频率较快，面色发红，多为发热；呼吸时张着小嘴做深呼吸运动，是鼻道不通的表现；呼吸短而快，伴有痰声，声音嘶哑，多为白喉；呼吸急促，不能平卧，伴有发热、咳嗽，多为支气管炎；若呼吸急促，鼻翼扇动，口唇发青，须防肺炎；只有呼气无吸气，表示婴儿生命垂危。

精神不振：正常的婴儿神志清楚，情绪正常，爱笑，不哭闹，两眼灵活有神。若婴儿出现烦躁，好哭闹，口唇干燥，是发热的表现；两眼直视，目光呆滞，是惊厥的先兆；婴儿喜俯卧位，阵发性屈腿哭闹、打滚，多为腹痛；婴儿用头剧烈地碰撞或小手打头，多为头痛；婴儿嗜睡，囟门突出，颈项强直，是脑部疾病的先兆。

食欲减退：健康的小儿能按时饮食，食量正常。若婴儿吃奶次数减少甚至不思食，伴有精神不佳，多为发热的先兆；呃逆或不断放屁，并有浓烈的酸臭味，是婴儿食物积滞，消化不良；婴儿拒食或吃后即哭，流口水，应注意口腔有无炎症；睡觉后不断地做咀嚼的动作或磨牙，须防婴儿蛔虫病。特别是患急性病症状还没有表现出来之前，食欲会首先发生改变。如小儿病毒性肝炎，早期多无任何症状，只是不想吃东西，或恶心、呕吐，这些疾病虽然症状还没有表现出来，但可改变小儿的消化功能。

睡眠不好：特别是几个月的婴儿，在病前多表现为晚上睡不好觉，烦躁不安或不时哭闹，而且哭声尖或无力，呈阵发性，哭闹时常伴有头部挺伸等。一般是因发热、腹痛、咽痛等引起。当然，某些生理情况，如饥饿、过冷、过热、大小便等，也易使睡眠不安或哭闹，但哭声一般响亮，时高时低，当要求被满足、不适解除后，哭闹即止。

哭闹：婴儿不会说话，所以哭的表情和声调将成为发现问题的线索。如果婴儿两眼发呆，哭声突然、短促、尖声、音调高，可能为头部疾患。

呻吟：婴儿的呼吸夹有哼的呻吟，须注意是否因呼吸道或心脏疾患导致肺功能明显紊乱或其他脑部疾患。

呕吐和漾奶：可能由喂养方法不当或食物摄入量过多引起，也可能是胃肠道功能紊乱或先天性肠闭锁、食道闭锁等疾病造成。

黄疸：是婴儿的生理现象，出生后 2～10 天内出现，但也有不少疾病能引起或加重黄疸。类似以下情况就并非是生理性的：出生后 24 小时内黄疸即相当明显；黄疸遍及全身，呈橙黄色，并在短期内明显加强；黄疸一度减退后又加深或出生后 2～3 周仍明显；大便颜色淡或呈白色，而尿色深黄；发烧，食欲不佳，精神不好，两眼发呆。

皮肤青紫：婴儿出生后 20 分钟内心脏功能需要调整，皮肤会出现生理性青紫。如果短时间内不见消失，则是病态。

苍白：温度过低或失血，均可造成血管收缩或贫血。

发烧：是婴儿受细菌或病毒感染的重要表现之一。

惊厥：发烧、水电解质紊乱、先天性心脏病引起脑缺氧、黄疸太重、败血症等都可引起惊厥。表现为两眼凝视、震颤或不断眨眼；口部出现反复咀嚼、吮吸动作；呼吸不规则、暂停，并伴有皮肤青紫；面部肌肉抽动。

警惕食品干燥剂伤孩子

4 岁的晶晶吃完米饼后，把包装袋里的一小包干燥剂拿在手中玩耍，不料一不小心撕破纸袋，粉状的干燥剂喷入其眼中，晶晶捂着刺痛的双眼号啕大哭起来。虽然马上被送去附近医院进行眼部冲洗，随后又进行了手术，但她的视力还是不可避免地下降了。

虽然干燥剂包装袋上一般都有“请勿食用”、“儿童勿碰”等字样，但对儿童来说，形同虚设。所以家长在分给儿童食品时，必须同时取出干燥剂。

若有干燥剂溅入眼睛，要尽快用清水、生理盐水从鼻侧往耳侧冲洗，至少冲洗 15 分钟，然后送医院；皮肤污染者，轻者用大量清水冲洗干净，严重者可按化学烧伤处理。

孩子食物中毒的家庭急救

夏、秋季节是孩子食物中毒的多发季节。如果孩子不幸发生急性食物中毒，家长不能惊慌失措，而应该当机立断地采取一些行之有效的急救措施。

1. 如果估计食物中毒发生的时间在 2～4 小时之内，可用手指或筷子刺激孩子的咽后壁以催吐，使胃内残留的食物尽快排出，防止毒素的进一步吸收。

2. 如果进食时间在 4 小时以上，可给孩子吞饮大量的淡盐开水，以稀释进入血液的毒物，并配合指压的方法催吐。

3. 对怀疑已变质或有毒的食品除立刻停止食用外，应妥善保存，供医生急救时分析处理，同时应请卫生检疫部门协助鉴定。

4. 因导致食物中毒的原因错综复杂，临床中毒症状的轻重不一，故在简单的急救处理后，需送医院做进一步的诊治，以免延误病情。

打针引起的并发症的处理

小儿生了病，吃药打针是常有的事。打针虽然有其优点，但是有时也会引起一些严重的后果，应引起年轻父母的警惕。肌肉注射引起的常见并发症有下列几种。

臀大肌挛缩症：正处在生长发育期的儿童，由于肌纤维很柔软，对刺激反应很敏感，如果经常进行臀部注射，那么，反复打针的损伤和药物的化学刺激，尤其是含苯甲醇溶液的药物刺激，就会引起局部肌纤维的充血肿胀，继而发生纤维化，形成臀大肌挛缩症。其主要表现为臀肌萎缩，臀部扁平，皮肤凹陷，有时呈橘皮样，下肢外展，足尖向外呈“外八字”形，以致行走时步态不稳，影响孩子的生长发育。一旦发生臀大肌挛缩，就必须进行外科治疗。而其预防方法是尽可能地减少不必要的臀部肌肉注射。即使病情需要，也应争取得到小儿的配合，可采取小儿由父母抱着的坐位，用双腿夹住患儿的双腿，手臂挡住患儿的腰部，防止患儿不合作，扭动腰肢发生意外。此外，注射要合理选择部位，两侧臀部轮流进行，不要老是打在一侧。

硬块：小儿的臀部只有巴掌大小，而肌肉注射却常常限于臀部外上方四分之一的区域。在这么小的地方，反复的注射损伤和药物的刺激很容易造成硬块。对于这种打针后造成的结块，首先可采用热敷，目的是促进硬块部位的血液循环，加速药液的吸收利用，使硬块消散，如采用 50%硫酸镁进行湿热敷则效果更好。预防办法首先是尽量减少不必要的打针，对于一些刺激性的药液要做深部肌肉注射，长期注射要经常更换注射的部位。每次打完针后，在夜间睡觉之前对局部加以热敷，以防止硬块产生。

断针：打针时由于孩子哭闹厉害，肌肉绷紧，会发生针头断在肌肉里的情况。针头折断最容易发生在针头与针尾的连接处。一旦发生断针时，家长不要惊慌，安抚孩子使其保持镇静，以免肌肉收缩使得断针进入更深。若针尾尚留在皮肤外面，可用手指紧紧夹住或用镊子将断针拔出。假如断针已全部进入肌肉中，则应由外科医生在 X 线透视下取出断针。千万不要在断针处做局部按摸寻找，这不仅无助于取出断针，反而会使断针更加深入，造成周围组织的损伤。

感染：在医院的打针室，常常会见到年轻的父母带孩子来做肌注后，为了哄孩子，习惯地用手帮着按摩注射部位，企图减轻疼痛。人的手上带有许多致病菌，如果用手去按摩，这些致病菌就可趁机沿着尚未闭合的针眼侵入人体，引起局部组织的发炎。正确的方法应该是不论皮下、肌肉还是静脉注射，都应在针头拔出以后，用一个消毒的干棉球在局部稍稍压迫一会儿，这样可使针头损伤处的出血停止，针口自然封闭。

孩子头部撞伤昏迷时急救

头部受到强烈撞击发生昏迷时，正确的急救措施是挽救受伤儿童生命的重要保证，因此，应该采取下列急救手段。

1. 采用容易呼吸的体位。先仰卧，使下颌向上扬起，让气管扩张、气道通畅；再将脸偏向一侧，除去呕吐物，以免阻塞喉咙。避免移动身体，使其就地平躺。一般不要随便移动头部和颈部，若必须移动时，一定要几个人同时抬起患儿，轻抬轻放，千万小心。

2. 止血。伤口有出血时，用消毒纱布或干净的布块压迫止血。鼻和耳朵出血，不要用填塞的方法来止血，只要擦去血液即可。

3. 使身体保持温暖。出血较多时，身体会特别冷，这时要加盖毛毯、被子等物品，使身体保持温暖。

4. 给予安慰。对于意识清醒的受伤儿童，可以用“不要紧”、“没关系”等语言安慰他。但不能摇晃和吵闹，要保持安静。

老人突发意外救助

老人洗澡时晕倒的急救

在浴室空气不新鲜或闷热时，老人脑部容易暂时缺血缺氧。其先兆为头晕、胸闷、心慌、气急、面色苍白、出冷汗、眼前发黑。

1. 未晕倒前如感到不舒服时，应立即停止洗澡，由家人扶持到新鲜空气处平卧，防跌伤。

2. 晕倒后，将病人移到空气新鲜处，平卧休息，下肢抬高 30°；吸入稀氨水，能促使病人苏醒。

3. 如经上述急救效果不显著，速送医院抢救治疗。

4. 洗澡时保持室内空气新鲜，水温以 36～40℃为宜。不要单人洗澡，应有人陪浴，以防晕倒。

老人突然失明急救法

引起老人突然失明的病通常是视网膜中央动脉闭塞。一旦患上此病，抢救不及时，绝大部分会使视力严重下降，甚至失明。视网膜中央动脉闭塞前常有危险信号，其症状是：在日常生活和工作中精神过度紧张，遭受精神创伤时，眼前突然一片漆黑，什么也看不见；持续几十秒钟或几分钟，长则达十几分钟，之后又恢复原来视力。

急救措施：在发生先兆症状时，如果缓解得很慢，应立即从常备急救盒中取出亚硝酸异戊酯放在手中掐碎，放出气体，连续吸入鼻内，直至气味消失为止；再取出硝酸甘油片含在舌下；口服亚硝酸钠片；另外用手指隔眼皮按摩眼球。

注意事项：

1. 发作时应按上述方法在 30 分钟内进行自救，多有一定疗效，然后再去医院进行急诊治疗，可保住一定的视力。

2. 一旦出现过先兆症状，必须在医生的指导下开始服用预防药物，以防再次导致闭塞。

3. 本病常在有高血压、动脉硬化、肾炎、动脉内膜炎的老人中发生，严重者可在发病后 30 分钟内因视网膜坏死而丧失视力。所以，有上述病症的病人，应随身携带急救盒，以防万一。

老人突然丧失意识如何急救

老人上了年纪都容易伴有这样那样的疾病，再加上老人情绪变化大，一不小心就会突发急病，从而导致突然丧失意识，这时该如何急救呢？

老人动脉容易发生硬化现象，如果本来患高血压病，那么动脉弹性会更差；又遇到情绪激动，如大笑、盛怒或用力时，血压在原有的高血压基础上更趋增高，使失去弹性的脑动脉破裂而引起脑出血。此时病人出现头痛、呕吐、瘫痪倒地等症状，口眼向一侧歪斜，继而出现神志不清，呼之不应和小便失禁。少数病人会全身抽搐和瞳孔两侧不等大症状。这是一种紧急、严重、危及生命的急症。

一旦发生症状，应尽早抢救。家人应立即将病人轻轻地移到床上，切不可晃动其头部；将病人头部稍垫高，身体侧卧或把头偏向一侧。家中若备有氧气袋，可立即给予吸氧，如病人呼吸已停止，则做人工呼吸抢救；不要随便给病人喝水、吃东西，以免发生气道堵塞。同时准备车子或通知急救站派车，平稳地将病人运送到最近医院救治。

在确诊脑出血住院后，应积极配合医护人员做好护理工作，每 2 小时帮助病人翻身一次，并勤换尿布，防止腰背、臀部及身体突出部位皮肤破溃及尿道发炎。在天寒时节护理中，千万不可用热水袋等为病人暖脚或腿，否则一旦烫伤糜烂可能久治不愈，并常可继发败血症导致死亡。如果天很冷，要使用热水袋时，应放在两层被子之间。病情稳定1个月后，病人可在家人扶持下下床锻炼，但要防止患侧的腿无力而滑倒，造成股骨颈骨折。同时接受按摩、针灸和中药治疗，争取早日康复。

老人闪了腰怎么办

“闪腰”在医学上称为急性腰扭伤，为一种常见病，多由姿势不正、用力过猛、超限活动及外力碰撞等造成软组织受损所致。

伤后立即出现腰部疼痛，呈持续剧痛，次日可因局部出血、肿胀、腰部活动受限而不能挺直，俯、仰、扭转时感到困难，咳嗽、打喷嚏、大小便时加剧疼痛。

一旦发生闪腰，可酌情选用以下几种方法处理。

1．按摩法。闪腰者取俯卧姿势，家人用双手撑在脊柱两旁，从上往下边揉边压，至臀部向下按摩到大腿下面、小腿后面的肌群。按摩几次后，再在最痛的部位用大拇指按摩推揉几次。

2．背运法。让闪腰者与家人靠背站立，双方将肘弯曲相互套住，然后家人低头弯腰，把病人背起并轻轻左右摇晃，同时让病人双足向上踢，3～5分钟后放下，休息几分钟再做。一般背几次之后，腰痛会逐步好转，以后每天背几次，直至痊愈。

3．热敷法。把炒热的盐或沙子包在布袋里，热敷扭伤处，每次半小时，早晚各一次，注意不要烫伤皮肤。

4．药物外敷法。取新鲜生姜，将内层挖空，把研细的雄黄放入生姜内，上面用生姜片盖紧，焙干，把生姜焙成老黄色，放冷，研细末，撒在湿膏上，贴患处，痛止去药。

心脑血管疾病和骨折

老人常见的突发病是心脑血管疾病和骨折。一旦发生，病人及其家属及时采取入院前的应急措施至关重要。

1．心绞痛。这是冠心病病人易发生的急症，发病时胸前区呈阵发性疼痛，历时1～5分钟。一旦发作应立即停止任何活动，就地安静休息，并在舌下含服硝酸甘油1片，待症状缓解后就医。

2．急性心肌梗塞。主要症状是心前区突然感到持续性剧烈疼痛，面色苍白，出冷汗，烦躁不安，乏力，甚至昏厥。症状和后果比心绞痛严重得多。此时必须让病人安静躺卧，不要惊慌失措；可先服安定片、止痛药，同时呼叫急救车急救。切忌乘公共汽车或扶病人步行去医院。

3. 心力衰竭。原有风湿性心脏病、冠心病、高血压性心脏病及肺心病的老人，如果突然出现呼吸困难，应让病人安静休息，取半坐位，两足下垂。如果以往曾发生过，对治疗方法比较熟悉，可先按原方法服药，否则不可随意给药。应尽快送医院救治。

4. 中风。原有心脏病、高血压病的老人突然发生语言不清、口角歪斜、肢体瘫痪、大小便失禁等，很可能是中风。应让病人立即卧床，不要随便移动病人，并且在送医院的过程中避免震动。

5. 骨折。老人由于骨质疏松，很容易因跌倒或被物体冲撞而发生骨折。一旦骨折，千万不要活动已骨折的肢体，可用木板、棍杖等将骨折肢体固定好。固定物要长出骨折部上下两个关节，之后再送医院。

老人用药八防

老人的防病治病是生活中最普通、最重要的事情之一，又是最容易被我们忽视的事情。由于老人自己行动不便、记忆力不好、服药品种太多等原因，再加上体内各脏器生理储备能力减弱，对药物的应激反应也变得脆弱，药物的治疗量与中毒量之间的安全范围变小，以及老人肝肾功能减退，排泄变慢，故容易发生中毒或不良反应。所以说，我们要特别注意老人的用药，千万不可忽视。

一防种类过多。老年病人服用的药物越多，发生药物不良反应的机会也越多。此外，老人记忆力欠佳，药物种类过多，易造成多服、误服或忘服，最好一次不超过 3～4 种。

二防用药过量。临床用药量并非随着年龄的增加而增加。

老人用药应相对减少，一般用成人剂量的1/2～3/4即可。

三防滥用药物。患慢性病的老人应尽量少用药，更不要没弄清病因就随意滥用药，以免发生不良反应或延误治疗。

四防长时间用药。老人肾功能减退，对药物和代谢产物的滤过减少，如果用药时间过长，会招致不良反应。老人用药时间应根据病情及医嘱及时减量或停药，尤其对那些毒性大的药物，一定要掌握好用药时间。

五防长期用一种药。长期使用一种药物，不仅容易产生抗药性，降低药效，而且会对药物产生依赖性甚至形成药瘾。

六防滥用三大“素”。抗生素、激素、维生素是临床常用的有效药物，但不能将它们当成万能药、预防药滥用，否则会导致严重不良后果。

七防依赖安眠药。老人大多数睡眠都不太好，但长期服用安眠药易发生头昏脑涨、步态不稳等，久用还可成瘾并损害肝肾功能。治疗失眠最好以非药物疗法为主，以安眠药为辅。安眠药只宜用于帮助病人度过最困难的时刻，必须应用时，最好交替轮换使用毒性较低的药物。

八防滥用泻药。老人易患便秘，为此常服泻药。其实老人便秘，最好用调节生活节奏和饮食习惯的方法来解决，养成每天定时排便的习惯，必要时可选用甘油栓或开塞露通便。

饮食安全知识

酒精中毒的急救方法

我国有着深厚的酒文化，亲戚朋友聚会、嘉宾来访、业务应酬等，餐桌上都少不了酒。有酒逢知己真心喜悦，有受气氛鼓动而逞能，也有出于无奈或欲达到某种目的而舍命陪君子。但不管什么时间，什么场合，也不管什么目的，饮酒太多，超出个人的承受能力，均会发生急性酒精中毒。

急性酒精中毒的表现可分为三个阶段：

第一阶段：兴奋期，表现为眼部充血，颜色潮红，头晕，人有欢快感，言语增多，自控力减低。

第二阶段：共济失调期，表现为动作不协调，步态不稳，身体失去平衡。

第三阶段：昏睡期，表现为沉睡不醒，颜色苍白，皮肤湿冷，口唇微紫，甚至陷入深度昏迷，以至呼吸麻痹而死亡。

家庭急救：因为饮酒至轻中度急性酒精中毒的现象太普遍，饮者及周围的人们大多不在意，认为只要让酒醉者睡睡就行了。不幸的是，不乏因饮酒过量而丧命的例子，尤其是原来有慢性疾病者，若不注意节制，逢喝必醉，更容易发生意外。所以，只要饮者出现上述急性酒精中毒症状时，均应留意观察，要进行及时的现场家庭急救。

急性酒精中毒症状的轻重与饮酒量、个体敏感性有关，大多数成人致死量为纯酒精 250～500 毫升（白酒酒精浓度为 50%～60%）。

轻度醉酒者：可让其静卧，最好是侧卧，以防吸入性肺炎，注意保暖。治疗可用柑橘皮适量，焙干，研成细末，加入食盐少许，温开水送服，或绿豆 50～100 克，熬汤饮服。

重度酒精中毒者：应用筷子或勺把压舌根部，迅速催吐，然后用1%碳酸氢钠（小苏打）溶液洗胃。

特别提醒：正常人的呼吸是均匀的，每分钟16～20次，如果病人呼吸减慢、不规律，或者出现抽搐、大小便失禁等情况，为危险症状，应立即打120急救电话，送病人到医院诊治。医院常用纳洛酮等治疗。

蘑菇中毒如何急救

野生的蘑菇种类很多，因此民间也就有了很多辨识有毒蘑菇与可食用蘑菇的方法，如颜色鲜艳的蘑菇可能有毒，不生虫的蘑菇可能有毒，有异味的蘑菇可能有毒，手感黏滑的蘑菇可能有毒。专家指出，事实上这些常识都是不准确的，如果根据这些经验来辨识野生蘑菇是否有毒，则有可能病从口入。也就是说，有些有毒的蘑菇颜色未必鲜艳，有虫的、摸起来不黏滑

的蘑菇也可能有毒，食用后也会危害人体健康。

因此，到野外游玩尽量不要摘野蘑菇吃，也尽量不要采野菜。餐馆对于顾客自带的野生蘑菇要拒绝加工。一旦吃野生蘑菇后出现头晕、恶心等食物中毒症状，要立刻催吐，如用手指抠咽部，并尽快赶往医院；如有可能，尽量把问题食物同时带往医院，以便医生辨识并尽快找到解毒剂。

芦荟中毒的急救措施

芦荟为泻下通便的中药之一，含有毒成分芦荟碱和芦荟泻甙（芦荟大黄素甙），入丸散服每次1.5～4.5克，过量服用可引起中毒。

症状：过量服用会出现恶心、呕吐、头晕、出血性胃炎和肠炎、剧烈腹痛、腹泻，甚至失水和心脏遭到抑制而出现心动过缓，孕妇还会引起流产事故。

急救措施：

1. 立即向120急救中心呼救。
2. 口服浓绿茶或3%鞣酸溶液洗胃。
3. 4～5个鸡蛋清加入活性炭10克调服。
4. 补液并纠正电解质失衡。

吃蟹四大禁忌

西风起，蟹脚痒，金秋正好吃蟹黄。螃蟹好吃，但很有讲究，从挑选、甄别大闸蟹的好坏，到蒸煮炸炒的各式做法，精吃细品的各样技巧都有一定的学问。而健康食蟹，尤需注意食用大闸蟹的4个禁忌，才能防止“病从口入”。

不要吃死蟹

死蟹体内的寄生细菌会繁殖并扩散到蟹肉中，使蛋白质分解产生组织胺。蟹死的时间越长，体内积累的组织胺越多，毒性越大。即使把死蟹煮熟煮透，毒素仍然不易被破坏，食用后会引起恶心呕吐、面颊潮红、心跳加速等。

不要吃生蟹、醉蟹

大闸蟹生长在江河、湖底的泥沟里，并多以动物尸体为食，因此含有各种病原微生物。尤其是其体内的肺吸虫幼虫囊蚴感染度很高，抵抗力很强，单用黄酒、白酒浸泡并不能杀死。吃生蟹、醉蟹，极易诱发肺吸虫病，引起咳嗽咯血，如果病毒进入脑部，还会引起瘫痪。

不要吃蟹胃和内脏

大闸蟹并不是每个部位都能吃，食蟹前必须做到四清除，即一清除蟹胃，即在背壳前缘中央一块三角形的骨质小包，内有污沙；二清除蟹肠，即由蟹胃通到蟹脐的一条黑线；三清除蟹心，蟹心呈六角形，在蟹的中央，一块黑色膜衣下；四清除蟹腮，即长在蟹腹部如同眉毛状的两排软绵绵的东西，又称“蟹百叶”。这四个部位既脏又无食用价值，乱嚼一气，容易引起食物中毒。

不要与浓茶、柿子、啤酒同食

浓茶、柿子等食物含有大量的鞣酸，与蛋白质结合，会凝聚形成“胃柿石症”，引发腹痛、呕吐。啤酒性寒，如果以啤酒送蟹，寒上加寒，容易引起腹泻。

金针菇不熟，食用会中毒

寒风乍起的季节，热腾腾的火锅又开始盛行，金针菇几乎是涮火锅时必不可少的一道菜。但要注意，金针菇一定要煮熟再吃，否则容易引起中毒。

因为新鲜的金针菇中含有秋水仙碱，人食用后，容易因氧化而产生有毒的二秋水仙碱，它对胃肠黏膜和呼吸道黏膜有强烈的刺激作用。一般在食用 30 分钟至 4 小时内，会出现咽干、恶心、呕吐、腹痛、腹泻等症状；大量食用后，还可能引起发热、水电解质平衡紊乱、便血、尿血等严重症状。

因此，食用鲜金针菇前，应在冷水中浸泡 2 小时；烹饪时把要金针菇煮软煮熟，使秋水仙碱遇热分解；凉拌时，除了用冷水浸泡，还要用沸水焯一下，让它熟透。另外，市场上出售的干金针菇或金针菇罐头，其中的秋水仙碱已被破坏，可以放心食用。

传统医学认为，金针菇并非人人皆宜。金针菇性寒，脾胃虚寒、慢性腹泻的人应少吃；关节炎、红斑狼疮病人也要慎食，以免加重病情。

食物中毒判断及应急处理

食物中毒如果处理不当，轻者会腹泻、浑身无力，重者会由于呕吐造成休克甚至死亡。那么如何判断食物中毒？食物中毒怎么办？我们应该采取什么措施预防治疗呢？

如何判断食物中毒

判断食物中毒主要有四条标准：短时间内大量出现相同症状的病人；有共同的进食史；不吃这种食物不发病；停止供应该种食物后中毒症状不再出现。食物中毒一般在用餐后 4～10 小时发病，高峰期出现在用餐后 6 小时左右。食物中毒后的第一反应往往是腹部不适，中毒者首先会感觉到腹胀，一些病人还会腹痛，个别的还会发生急性腹泻。与腹部不适伴发的还有恶心，随后会发生呕吐的情况。食物中毒一般可分为细菌性

(如大肠杆菌)、化学性(如农药)、动植物性(如河豚、扁豆、豆角)和真菌性(如毒蘑菇)食物中毒。食物中毒既有个人中毒,也有群体中毒。其症状以恶心、呕吐、腹痛、腹泻为主,往往伴有发烧。吐泻严重的还会发生脱水、酸中毒,甚至休克、昏迷等症状。

食物中毒如何处理

一旦有人出现上吐、下泻、腹痛等食物中毒症状,首先应立即停止食用可疑食物,同时,立即拨打120呼救。在急救车到来之前,可以采取以下自救措施。

催吐:对中毒不久而无明显呕吐者,可用手指、筷子等刺激其舌根部的方法催吐,或让中毒者大量饮用温开水并反复自行催吐,以减少毒素的吸收。经大量温水催吐后,呕吐物已为较澄清液体时,可适量饮用牛奶以保护胃黏膜。如在呕吐物中发现血性液体,则提示可能出现了消化道或咽部出血,应暂时停止催吐。

导泻:如果病人吃下中毒食物的时间较长(超过2小时),而且精神较好,可采用服用泻药的方式,促使有毒食物排出体外。用大黄、番泻叶煎服或用开水冲服,都能达到导泻的目的。

保留食物样本:由于确定中毒物质对治疗来说至关重要,因此,在发生食物中毒后,要保留导致中毒的食物样本,以提供给医院进行检测。如果身边没有食物样本,也可保留病人的呕吐物和排泄物,以方便医生确诊和救治。

如何预防食物中毒

用冷藏控制细菌生长繁殖和产生毒素;尽量不要在路边小

摊购买肉制品；制作冷拼菜需注意消毒；热菜一定要煮熟蒸透；切忌过度食用冷饮或者热食后立即冷食。

突发性疾病救治

急性胃炎的救护措施

急性单纯性胃炎病因简单，治疗起来不复杂，只要按下列措施进行救护，就能很快恢复正常。

1. 卧床休息，停止一切对胃有刺激的饮食和药物。

2. 鼓励饮水，由于呕吐腹泻失水过多，病人在可能的情况下应多饮水，补充丢失水分。不要饮含糖多的饮料，以免产酸过多加重腹痛。

3. 止痛。可选用颠茄片、阿托品、654-2 等药。还可局部热敷腹部止痛，有胃出血者不可用。

4. 伴腹泻、发烧者可适当用黄连素、氟哌酸等抗菌药物。病情较重者一般不可用，以免加重对胃的刺激。

5. 呕吐腹泻严重，脱水明显时，应及时送医院治疗，一般 1～2 天内很快恢复。

6. 预防为主，节制饮酒，勿暴饮暴食，慎用或不用易损伤胃黏膜的药物。急性单纯性胃炎要及时治疗，愈后防止复发，以免转为慢性胃炎，迁延不愈。

饮食注意

1. 急性发作时最好用清流质饮食，如米汤、杏仁茶、清汤、淡茶水、藕粉、薄面汤、去皮红枣汤。应以咸食为主，待病情缓解后，可逐步过渡到少渣半流食，尽量少用易产气及含脂肪多的食物，如牛奶、豆奶、蔗糖等。

2. 严重呕吐腹泻者，宜饮糖盐水，补充水分和钠盐。若因呕吐失水以及电解质紊乱时，应静脉注射葡萄糖盐水等溶液。

3. 腹痛剧烈时，应禁食，使胃肠充分休息，待腹痛减轻时，再酌情饮食，应禁用生冷、刺激食品，如醋、辣椒、葱、姜、蒜、花椒等，也不要用兴奋性食品，如浓茶、咖啡、可可等。烹调时，以清淡为主，少用油脂或其他调料。

昏厥家庭救护法

生活中头痛脑热是常有的事，昏厥也会时有发生。昏厥了该如何进行救治呢?

引起昏厥的原因很多，但多数由于循环障碍引起脑组织暂时缺血所致。随着循环功能的恢复，大脑缺血得到纠正，症状很快消失。昏厥类型很多，下面介绍几种常见的昏厥家庭救护法。

血管性神经昏厥

多见于体质较弱的女性。多由于疼痛、精神紧张、恐惧、焦急、疲劳、悲伤、愤怒和气候闷热等，使病人全身小血管扩张，造成血压下降，大脑缺血。病人在昏厥前有预兆，如感乏力、气闷、心慌、头晕、眼花，然后突然晕倒。对这类昏厥病人，应让其迅速平卧，保持头低足高体位，以改善其脑部血液供应，并解开病人的衣领和腰带等，使其保持呼吸畅通。

低血糖昏厥

大多由饥饿、营养不良所造成，昏厥后应使病人平卧，安静休息。如神志尚清醒，可给予糖水、食物，不久病情即可迅速好转。低血糖较严重、处于昏迷状态者，应适量注射高渗葡萄糖。若低血糖反复发作，平时应到医院查清原因并进行治疗。

心源性昏厥

由心脏功能异常、心排血量突然减少而引起。心源性昏厥发病突然，持续时间较长，病情较凶险，应争分夺秒全力抢救，否则，有心脏骤停导致死亡的危险。急救宜采用拳击胸前区或胸外心脏按压术，并迅速护送病人去医院抢救。

不论何种类型的昏厥，经家庭初步救护后，均应送医院诊治，以明确昏厥原因，对症治疗。

高血压突发护理

倘若高血压病人发病时，不但头痛、呕吐，还出现肢体麻木瘫痪、意识障碍，要立即让病人平卧，将头朝向一侧，防止把呕吐物吸入气道，造成呼吸困难。发现这种病情，家人应马上通知急救中心。

病人血压突然升高，并伴有恶心、呕吐、剧烈头痛、心慌甚至视线模糊，说明已发生高血压脑病。应让病人立即卧床休息，及时服降压药，另服利尿剂、镇静剂等，并稳定病人情绪，不要紧张。如果服药和休息后病情无好转，应通知急救中心送医院急救。

病人突然心悸气短、口唇发绀、肢体活动失灵，伴咳粉红色泡沫痰，可能发生急性左心衰竭，应迅速让病人双腿下垂，采取坐姿，如果准备氧气袋，让病人马上吸氧，并立即通知急救中心。

高血压病人在劳累或受到精神刺激后，突然发生心前区疼痛、胸闷，并可放射至左肩或左上肢、面色发白、出冷汗等，要让病人安静休息，舌下含服 1 片硝酸甘油，并吸入氧气，马上呼叫急救中心。

心脏骤停紧急救治

准确识别心脏骤停

心脏停搏 10～15 秒钟后，由于脑缺氧引起昏厥，意识丧失，病人可能突然由坐位、站位倒下，大声喊叫也无反应，同时出现面部和四肢肌肉抽搐，可长达几分钟；摸不到脉搏（以大动脉搏动为准），成人以颈动脉、股动脉为准，幼儿以肱动脉为准；呼吸开始呈现断续或叹息状态，每分钟只有几次呼吸，呼吸动作小，胸部见不到起伏征象，然后很快呼吸完全停止，且呼吸停止多发生在心脏停搏 20～30 秒钟以内；心脏停搏 45 秒钟后面部皮肤会出现紫绀，唇、指甲等处也变成紫黑色；瞳孔散大，对光反射消失，1～2 分钟瞳孔散大固定。

正确掌握心肺脑复苏术

非医疗专业技术人员在抢救心脏骤停病人时可采取的急救措施有以下几种。

首先拨打 120 急救电话，同时将病人送往最近的医院。在医生没有来到时应迅速使病人的气道通畅，这是复苏成功的最重要的步骤。具体做法是：一只手放在病人颈后将颈部托起，另一只手将下颏部向前向上推，即仰头，使气道通畅无阻。为促进静脉回流，可将下肢抬高。及时清除口腔异物，同时左手抬病人颈部，右手使其头部后仰，下颌前移，使气道通畅。

其次，如果病人不能自动呼吸，应立即开始进行口对口人工呼吸，具体做法是：病人仰卧，松开其领口和裤带，迅速清除口腔内异物，如假牙、呕吐物、血块、食物残渣等，取仰头抬颏位，一手紧捏病人鼻孔，深吸一口气后将口唇与病人口唇密合，以不漏气为准，均匀连续吹气 2 次，以看到病人胸廓隆起为有效，每次吹气 15 秒。

另外，进行胸外心脏按压，具体做法是：病人仰卧，垫一木板于病人背部，将左手掌放在病人胸骨中下1/3交接处，右手掌压在左手上，两臂伸直，利用身体的重力有节奏地按压，使胸骨下降 3～5 厘米，然后立即放松，使胸廓弹回，手掌仍贴于胸壁，但不能留有压力。每分钟按压 60～80 次。开始按压的两三次，用力宜轻，速度稍慢，防止因用力过大而造成肋骨骨折，以后可根据胸廓弹性而用力。

心肌梗死急救措施

核心提示：有高血压、糖尿病或其他慢性病者，一旦出现头晕、头痛、胸闷、心慌气短、胸背部不适、脖子有压迫性窒息感等症状，尤其是心前区压迫性绞痛持续 3 分钟以上，并向左上肢放射，家属应马上协助病人卧床，给其含服硝酸甘油。

若能在 1 小时内得到有效施救，康复后与正常人无异；如果在一个半小时后抢救，心肌将出现坏死，且时间越长，心肌坏死越多。但遗憾的是，有一半的病人，因为自身或家属的原因，而错过了急救的“黄金 1 小时”。

不了解症状、不立即送医院、不呼叫救护车，也是常见的急救误区。有的人即使意识到身体不适，也想到要去医院检查，却是打车或等家属开车前往，没有及时拨打 120 急救电话。

此外，在专业急救人员抵达前，应帮其测血压、数脉搏，有条件的还可以吸氧。

眼睛受伤的急救措施

主因：眼睛是心灵的窗户，同时也是人体的暴露器官，如稍不注意就可遭受外伤。

1. 钝性外力撞击，如球类、弹弓丸、石块、拳头、树枝等对眼球造成直接损害。

2. 锐利或高速飞溅物穿破眼球壁引起穿透性损伤，如生产中敲击金属，小孩玩刀、剪、针误伤。

主症：因暴力的大小、受伤的轻重不同，症状也不同。病人一般有眼部疼痛、畏光、流泪，重者可有视力障碍，如看不清东西或复视，甚至失明，伴有头痛、头晕等。

急救：

1. 轻者早期用冷敷，1～2 日后改为热敷。眼部滴氯霉素或利福平眼药水预防感染。

2. 角膜轻微擦伤，涂红霉素眼膏或金霉素眼膏，并包扎患眼。

3. 如伤情较重，发生眼球出血、瞳孔散大或变形，眼内容物脱出等症状时，首先用清洁的布将眼部包扎起来，快速送医院抢救。

鼻出血的正确急救方法

1. 发生了鼻出血，要让病人取坐位或半卧位，同时安慰病人，使其避免过分紧张，尽量保持镇静。因为病人精神紧张，常会使血压增高而加剧出血；对高血压引起鼻出血的病人尤其要注意这一点。

2. 局部处理主要是压迫止血，处理步骤取决于出血部位和程度。

(1) 让病人用拇指及食指紧捏两侧鼻翼，5～10 分钟可使出血停止。

(2) 如果出血不止，可将干净的棉球、明胶海绵、软布等塞入鼻腔，压迫止血。

(3) 如果仍出血不止，则可将蘸有止血粉、1%麻黄素、1%肾上腺素的干棉球或止血海绵等塞入鼻腔止血。

在进行以上三方面处理的同时，还可在其额部、鼻部、颈部或枕部敷以冷水毛巾或冰袋，并反复更换，以便促使其血管收缩，减少流血。

（4）如反复出血或出血量很多，则需先清洁鼻腔积血，尽可能找到出血部位，然后用消毒的凡士林油纱条充填，压在出血部位。油纱条在鼻腔内可以留置24～72小时。当鼻出血已经止住，可再过适当时间，将油纱布抽出。如24～72小时后仍出血不止，应迅速送医院治疗。

3. 全身处理主要是对可能发生休克的处理。如果用上述方法鼻出血仍不止，以致出现休克时，则应将病人置于平卧位，头侧向健侧，以防止血液流入咽部，引起恶心，加重出血。同时用针刺或手指按压其人中穴、涌泉穴抢救，并及时送附近医院救治。

重症胸外伤自我护理

首先，迅速脱去或剪开衣服，立即清除口腔及咽喉部血块、呕吐物、泥土及分泌物，解除呼吸道梗阻，保持呼吸道通畅，必要时用拉舌钳牵出后坠的舌根或托起下颌，使呼吸道通畅。对于严重肺挫伤或支气管断裂的病人，禁忌健侧卧位，以防伤侧积血流入健侧支气管引起窒息。血压平稳无禁忌的病人可取半卧位，休克或昏迷病人应取平卧头侧位，以防血块、呕吐物、分泌物堵塞呼吸道引起窒息。

胸外心脏按摩

胸外心脏按摩是借压迫胸壁使心脏受挤压而排血的方法。如果人体出现意外伤害或疾病，如触电、溺水、外伤、出血、过敏反应、心脏病等，心脏停止跳动，各器官就会缺血坏死。大脑缺血超过 6～8 分钟，即可发生不可逆转的脑细胞死亡。此时一旦发现病人昏迷、苍白、无脉搏跳动及心跳，应立即行胸外心脏按摩。

进行胸外心脏按摩时病人应仰卧，背部最好垫一硬板，操作者位于一侧，双臂伸直，两手掌放平重叠，用手掌根部按压病人胸正中下部，成人每次按压宜使胸壁下降 3～4 厘米，才能排血。按压后放松，如此反复进行。一般成人的按压频率以 60 次/分钟为宜。人工心脏按摩常与人工呼吸同时进行。

人工胸外心脏按摩的有效指标是：能在颈部动脉、股动脉等大动脉部位摸到搏动；听诊血压在 60 毫米汞柱以上；紫绀减轻；散大的瞳孔开始缩小；出现自主呼吸。

车祸伤的救治

车祸造成的伤害大体可分为减速伤、撞击伤、碾挫伤、压榨伤及跌扑伤等，其中以减速伤、撞击伤为多。减速伤是由于车辆突然而强烈减速所致的伤害，如颅脑损伤、颈椎损伤、主动脉破裂、心脏及心包损伤以及方向盘胸等。撞击伤多由机动车直接撞击所致。碾挫伤及压榨伤多由车辆碾压挫伤，或被变形车厢、车身和驾驶室挤压伤害。因此，车祸伤具有伤势重、变化快、死亡率高的特点。

1. 现场组织。保护事故现场，维持秩序。如车辆已起火，要立即扑灭烈火或排除发生火灾的一切诱因，如熄灭发动机、关闭电源、搬开易燃物品，同时向急救中心呼救。

2. 根据分类，分轻重缓急进行救护，对垂危病人及心跳停止者，立即进行心脏按压和人工呼吸；对意识丧失者，宜用手帕、手指清除伤员口鼻中的泥土、呕吐物、义齿等，随后让伤员侧卧或俯卧；对出血者立即止血包扎。

3. 正确搬运。不论在何种情况下，抢救人员特别要预防颈椎错位、脊髓损伤。须注意：凡重伤员从车内搬动、移出前，首先应在草地放置颈托，或进行颈部固定，以防颈椎错位，损伤脊髓，发生高位截瘫。一时无颈托，可用硬纸板、硬橡皮、厚的帆布，仿照颈托，剪成前后两片，用布条包扎固定；对昏倒在坐椅上的伤员，安放颈托后，可以将其颈及躯干一并固定在靠背上，然后拆卸座椅，与伤员一起搬出；对抛离座位的危重、昏迷伤员，应原地上颈托，包扎伤口，再由数人按脊柱损伤的原则搬运伤员。动作要轻柔，托住腰臀部，搬运者用力要整齐一致，将伤员平放在木板或担架上。现场急救后根据伤员轻重缓急由急救车运送。

学会正确搬运伤员

2012 年 3 月份，长安县境内发生车祸，司机被夹在驾驶室内，当时几位路人拽着司机的腿把司机硬从座位上拽出来。因当时司机双腿骨折，在生拉硬拽中，司机被痛昏过去，当 120 急救人员到达后，伤者已处于休克状态，非常危险。

错误的搬运可能会使伤员在搬运途中伤情加重甚至失去生命。掌握正确的搬运方法，才能在急救中保证伤者的安全，从而达到有效的救治目的。

伤病员在现场进行初步急救处理和随后送往医院的过程中，必须要经过搬运这一重要环节。正确的搬运术对伤病员的抢救、治疗和预后都至关重要。从整个急救过程来看，搬运是急救医疗不可分割的重要组成部分，仅仅把搬运看成简单体力劳动的观念是错误的。

1. 徒手搬运。

单人搬运：常见的有由一个人进行搬运。常见的有扶持法、抱持法、背法。

双人搬运法：椅托式、轿杠式、拉车式、椅式搬运法，平卧托运法。

2. 器械搬运法。将伤员放置在担架上搬运，同时要注意保暖。在没有担架的情况下，也可以采用椅子、门板、毯子、衣服、大衣、绳子、竹竿、梯子等制作简易担架搬运。

如果从现场到转运终点路途较远，则应组织、调动、寻找合适的现代化交通工具，运送伤病员。

3. 危重伤病员的搬运。

脊柱损伤：采用硬担架，3～4 人同时搬运，固定颈部不能前屈、后伸、扭曲。

颅脑损伤：半卧位或侧卧位。

胸部伤：半卧位或坐位。

腹部伤：仰卧位、屈曲下肢，宜用担架或木板。

呼吸困难病人：坐位，最好用折叠担架或椅子搬运。

昏迷病人：平卧，头转向一侧或侧卧位。

休克病人：平卧位，不用枕头，脚抬高。

日射病应如何急救

在海滨、高山或炎热的夏天进行运动时，由于在阳光下暴晒过久，头部缺少防护，突然出现高烧、耳鸣、恶心、头痛、呕吐、昏睡、怕光刺激等现象，这便是日射病。严重的日射病也能致死，千万不可粗心大意，应采取紧急处理。

急救措施：

1. 轻者要迅速到阴凉通风处仰卧休息，解开衣扣、腰带，敞开上衣。可服十滴水、仁丹等防治中暑的药品。

2. 如果病人的体温持续上升，有条件者可在澡盆中用温水浸泡下半身，并用湿毛巾擦浴上半身。

3. 如果病人出现意识不清或痉挛，这时应取昏迷体位。在通知急救中心的同时，注意保证呼吸道畅通。

注意事项：

1. 作为降温手段，也可用酒精擦身体并吹电扇，以达到降温的目的。但是，采取这种方法降温较快，医生不在现场时，最好不要使用。

2. 不要稍见症状减轻就参加运动，应多加注意，防止再一次得日射病。

3. 与日射病相似的还有一种热射病。这是因为在炎热的天气下作业或旅游，由于过量的热积聚所致。其症状是皮肤干热无汗，体温可高达 42℃，疲乏、头痛、头晕、尿频、脸色发红、步态不稳、瞌睡或昏睡。二者的病因有些差别，但急救措施相同。

脑贫血急救相关知识

脑贫血是脑内血液短时供应不足引起的昏厥现象。有的人会突然在上班的路上昏倒，也有的人会因过度兴奋而昏厥，这其中很大一部分是因脑贫血所致。脑贫血本是极其常见的一种一时性的症状，但因脑贫血而碰伤肌体，则非常危险。

急救措施：

1. 当发现昏厥的病人时，要帮其把衣服解开，尽量把腿抬高，平卧。此时不要忘记再仔细检查一下身体有无外伤，若有出血等情况，应采取相应的急救措施。

2. 当病人感到不舒服、心慌、出冷汗等症状时，不管在什么地方，要马上坐下或卧倒，低头弯腰，这样即使发生昏厥，也不至于碰伤头部。

注意事项：

1. 如果经常发生脑贫血，可能因颅内有严重的疾病，一定要去医院检查。

2. 抢救突然昏倒者，还应了解如下知识：在影响血压的各种因素中，体位的影响是很明显的。当人平卧时，大血管和心脏处在同一平面上，各处的血压值没有大的变化。从平卧改为站立姿势，不同部位的血压就要发生较大的变化。由此不难了解，为什么有人突然昏倒时，应立即让其平卧，同时将四肢稍垫高，主要的目的就是要降低血液主压力，以改善病人脑部的血液循环。

电焊光伤眼的紧急处理

电焊光伤眼，是指眼部受电焊光、水银灯强光所含紫外线的照射后引起的角膜和结膜浅层炎症的反应，多见于电焊、紫外线灯及高级电源照射后眼部损伤，临床表现为双眼异物感、疼痛剧烈并伴有畏光、流泪和眼睛痉挛。尤以夜间为重，不能入睡，一般在 24 小时后可自愈。

1. 用煮沸后冷却的人奶或鲜牛奶滴入眼内可止痛，也能保护眼睛。并用湿冷毛巾敷双眼，每 20 分钟可更换一次。

2. 应闭目休息，减少光的刺激和眼球转动摩擦。戴墨镜能起到遮光作用，使眼睛感到舒适。

3. 在0.25%氯霉素眼药水 10 毫升中加入 3～5 滴0.1%肾上腺素滴眼，涂抗菌素或磺胺软膏可防止感染，减轻炎症作用。

肘关节脱位急救

在全身各关节脱位中，肘关节脱位最为常见，常见于青少年中。因受到间接暴力伤害，例如突然跌倒时上肢外展、手掌着地，暴力沿前臂向上传递，肱骨前下端受身体重力作用突破关节囊前壁，向前移动，导致肘关节脱位。受伤后病人表现为肘关节肿胀、疼痛、畸形明显，前臂缩短，肘关节周径增粗，肘前方可摸到肱骨远端，肘后可触到尺骨鹰嘴，肘关节弹性固定于半伸位。

急救措施：发生肘关节脱位时，如果身边无救助者，伤员本人根据肘关节的伤情判断为关节脱位，不要强行将处于半伸位的伤肢拉直，以免引起更大的损伤。可用健侧手臂解开衣扣，将衣襟从下向上兜住伤肢前臂，系在领口上，使伤肢肘关节呈半屈曲位固定在前胸部，再前往医院接受治疗。如果有人救助，若救助人员对骨骼不太熟悉，不能判断关节脱位是否合并骨折时，不要轻易实施肘关节脱位复位法，以防损伤血管和神经，可用三角巾将伤员的伤肢呈半曲位悬吊固定在前胸部，送往医院即可。

肘关节脱位手法复位：伤员呈坐位，助手握住上臂作对抗牵引。治疗者一手握病人腕部，向原有畸形方向持续牵引，另一只手手掌自肘前方向肱骨下端向后推压，其余四指在肘后将鹰嘴突向前提拉，即可使肘关节复位。复位后将肘关节屈曲90°，用三角巾悬吊于胸前，或用长石膏托固定。2～3 周后去除外固定，辅以积极的功能锻炼，以恢复肘关节的功能。

发生骨折如何急救

在专业救援人员未到场之前，伤势较轻，可以自行活动者，应立即离开事故现场，并向相关应急部门求援；如自身不能活动，则呼救并原地等待救援。

如果伤员出现颈部疼痛、肢体活动或者感觉障碍、意识不清等症状，可能发生脊椎受损，移动此类伤员时如果采用的方法不当的话，很可能会导致高位截瘫。

当脊椎发生骨折时，病人极易出现身体某些部位的瘫痪，如胸腰段骨折常引起腰部以下部位感觉或者活动障碍。颈椎骨折除了引起截瘫部位升高外，还会引起呼吸肌麻痹，甚至威胁生命。

所以，在搬运脊柱骨折的病人时，应 4 人以上配合将其放在硬质担架上，保持病人身体平直。而病人发生四肢骨折时，可就地取材，用夹板或代用品做简单的固定，再迅速将病人送往医院。

没有经验的人员，最好呼叫专业急救人员进行救治。

如何救援重伤昏迷者

遇到重伤昏迷的伤者，需进行心肺复苏急救，具体步骤如下：确定环境安全，急救员跪在病人旁边。救护人员手的中指置于近侧的病人一侧肋弓下缘。中指沿肋弓向上滑到双侧肋弓的汇合点，中指定位于此处，食指紧贴中指。救护人员用手掌根部贴于食指，并平放使手掌根部的横轴与胸骨的长轴重合。将定位的手放于另一手掌背上，两掌根重叠，十指相扣，手心翘起，手指离开胸壁。救护人的上半身前倾，双肩位于双手的正上方，两臂伸直（肘关节伸直），垂直向下用力，借助自己上半身的重量和肩部肌肉的力量进行操作。胸骨下压深度 4～5 厘米，放松后手掌不要离开胸壁，按压速度 100 次/分钟。

心肺复苏术五步操作流程

心肺复苏术是心跳、呼吸骤停和意识丧失等意外情况发生时，给予迅速而有效的人工呼吸与心脏按压，使呼吸循环重建并积极保护大脑，最终使大脑智力完全恢复。简单地说，通过胸外按压、口对口吹气使猝死的病人恢复心跳、呼吸。一般来说，徒手心肺复苏术的操作流程分为以下五步。

第一步：评估意识。轻拍病人双肩，在耳边呼唤（禁止摇动病人头部，防止损伤颈椎）。如果清醒（对呼唤有反应、对痛刺激有反应），要继续观察；如果没有反应则为昏迷，进行下一个流程。

第二步：求救。高声呼救并拨打 120 求救，立即进行心肺复苏术。注意保持冷静，待 120 调度人员询问清楚再挂电话。

第三步：检查及畅通呼吸道。取出口内异物，清除分泌物。用一只手推前额使病人头部尽量后仰，同时另一只手将下颏向上方抬起。注意：不要压到喉部或颌下软组织。

第四步：人工呼吸。判断是否有呼吸：一看二听三感觉（维持呼吸道打开的姿势，将耳部贴在病人口鼻处）。一看：病人胸部有无起伏；二听：有无呼吸声音；三感觉：用脸颊接近病人口鼻，感觉有无呼出气流。如果无呼吸，应立即给予人工呼吸 2 次，保持压额抬颏手法，用压住额头的手以拇指食指捏住病人鼻孔，张口罩紧病人口唇吹气，同时用眼角注视病人的胸廓，胸廓膨起为有效。待胸廓下降，吹第二口气。

第五步：胸外心脏按压。心脏按压部位——胸骨下半部，胸部正中央，两乳头连线中点。双肩前倾在病人胸部正上方，腰挺直，以臀部为轴，用整个上半身的重量垂直下压，双手掌根重叠，手指互扣翘起，以掌根按压，手臂要挺直，胳膊肘不能打弯。一般来说，心脏按压与人工呼吸比例为 15∶1。

掐“人中”急救如何使用

“人中”是针灸学里的一个穴位，具体的位置是在嘴唇沟的上三分之一与下三分之二交汇处，也就是在鼻唇沟的中间靠上的位置。

人中穴被用来抢救一些急症有着 2000 多年的历史，开始时人中穴常被用于小儿惊风、中暑、中风等紧急状况的抢救。掐“人中”可以用于治疗各种休克引起的昏迷，包括中风、低血压、婴儿惊厥、产妇昏迷等。

当然，掐“人中”也有一定的技巧。首先是选掐“人中”的人，一般选择男性，因为男性比较有力。掐的时候要注意手法，一般情况下用大拇指指端按在人中穴上即可。具体的操作方法是：把大拇指指端放到人中穴上，其他四指放在下颌处，这样就比较容易用劲。把大拇指放好之后，先从中间往上顶推，进行强刺激，此步要注意不断活动大拇指，不能一直放在穴位上不动。以在 20 ～40 次/分钟为宜，如果一刺激就苏醒，后面也不要再掐了。

掐“人中”的注意事项：首先要注意掐“人中”不能一味的掐，也就是说不能用长长的指甲去掐昏迷者，而是要用拇指的力量按压穴位使人苏醒。

安全备用知识

日常生活中，人们难免遇到一些紧急状况，很多紧急情况会影响到人身安全。大部分时候我们遇到紧急情况时都是很快想到120，想要医生早点来，早点抬上急救车，然后生命就有保障了。殊不知，在很多情况下，我们自己需要掌握一些急救知识。毕竟，120的到来需要一些时间，而急救强调的是一个“急”字，容不得我们慢慢地等待。很多人对急诊有一种畏惧感，总觉得是很高深的东西，其实不然，很多急救知识是我们普通人能够掌握并应用的。接下来，我们将为大家解释和讲解一些人人都应该掌握而且能够掌握的急救知识，希望能够为健康增加一些保护性措施。

煤气中毒的正确处理

家庭中煤气中毒主要指一氧化碳中毒，液化石油气、管道煤气、天然气中毒，前者多见于冬天用煤炉取暖、门窗紧闭、排烟不良时，后者常见于液化灶具泄漏或煤气管道泄漏等。煤气中毒时病人最初感觉为头痛、头昏、恶心、呕吐、软弱无力，当意识到中毒时，常挣扎下床开门、开窗，但一般仅有少数人能打开门，大部分病人迅速发生痉挛、昏迷，两颊、前胸皮肤及口唇呈樱桃红色，如救治不及时，可能很快因呼吸抑制而死亡。

煤气中毒的现场急救原则

1. 入室后感到有煤气味，应迅速打开门窗，切勿点火、开灯。

2. 移动病人至通风良好、空气新鲜的地方。查找煤气泄漏的原因，排除隐患。

3. 神志不清的中毒病人必须尽快抬出中毒环境，在最短的时间内检查病人呼吸、脉搏、血压情况，根据这些情况进行紧急处理。松解衣扣，保持呼吸道通畅，清除口鼻分泌物，一旦发现心跳骤停者，应立即进行人工呼吸，并做心脏体外按摩。

4. 呼叫120急救服务，急救医生到现场救治病人。

触电现场急救三步骤

有人曾经计算，如果从触电算起，5分钟内赶到现场抢救，则抢救成功率可达60%，超过15分钟才抢救，则多数触电者死亡。因此，触电的现场抢救必须做到迅速、就地、准确、坚持。触电的危害如此大，我们在日常生活中遇到这样的情况，又该怎么做呢？

家庭急救第一步是切断电源或用绝缘体如干木棒、竹竿挑开电线。除非已经脱离接触，否则千万不能去拉触电者，避免自己也触电。

第二步是保护触电者，防止跌落。

第三步是对触电者进行检查和处理，检查或恢复心跳、呼吸是急救的首要任务。若心跳、呼吸停止，要立即做心肺复苏初级救生术，有骨折的进行临时固定，有出血或局部烧伤的应进行止血和包扎术。对损伤较轻者，尽量给予精神安慰，并让其喝些糖开水或浓茶。

对触电者应尽量将其移至通风干燥处仰卧，松开衣领、裤带，畅通呼吸道。

一旦发生高压电线落地引起触电事故时，应派人看守，不让人或车靠近现场，因为离电线10～15米范围内仍带电，救护者贸然进入该范围内很容易触电。应通知电工或供电部门处理电线后再救人。

其实，触电在很多情况下是可以避免的，我们应学习一些有关电的知识，防患于未然。

首先，家庭人员应正确用电。在更换熔断丝、拆修电器或移动电器设备时必须切断电源，不要冒险带电操作。使用电吹风、电熨斗、电炉等家用电器时，人不能离开。电器设备冒烟或闻到异味时，应迅速切断电源并及时检修。

其次，牢记安全用电。购买合格电器产品，接地用电器具的金属外壳要做到接地保护，不随意将三眼插座改成两眼插座，不用湿布擦带电的灯头、开关的插座等。电视机室外天线安装应牢固可靠，注意接地。

第三，要懂一点避雷常识。打雷下雨时不要在树林里或山坡大树下躲雨；当雷雨交加时，不要在孤立的高楼、烟囱、电线杆附近行走，不在江湖里游泳或划船；打雷时不要接近金属物体，如自来水管、煤气管和铁器等。另外，闪电时应及时关闭收音机、电视机和电脑。

第四，在高温季节，人体出汗多，手经常是湿的，由于汗导电，在同等条件下，人出汗时触电的可能性和严重性要远远超过一般情况。因此在夏季要注意不要用手去移动正在运转的家用电器，如电风扇、洗衣机、空调等。如需移动，应关掉开关，并拔去电源插头。

第五，不要自行修理家中带电线路或电器，必须带电修理时，要请专业电器维修人员。严禁违章操作，私拉乱接电线。

第六，对夏季使用频繁的电器，如电热淋浴器、风扇、空调、洗衣机等，要采取防触电措施，使用合格的漏电保护器，经常用验电笔测试金属外壳是否带电等，以防人身触电事故发生。

第七，应避免多种家用电器同时段开启，防止超负荷使用引起线路、电能表过载跳闸停电，甚至发生火灾事故。要注意电器的使用寿命，使用将到寿命期或已到寿命期的电器时更要小心谨慎。

第八，如果居民家中进水，首先要切断电源，即把总开关或保险拉掉，防止正在使用的家用电器因浸水而发生事故。在切断电源后，要将可能浸水的家用电器移到不浸水的地方，防止绝缘浸水受潮，影响今后的使用。如果因插座安装位置低容易进水，则必须移位安装。

第九，家长要教育儿童不要玩弄电线、灯头、开关和电扇等电气设备。提醒孩子不要到户外变压器、配电设施附近玩耍。不要在电线附近放风筝，万一风筝落在了电线上，要由电工来处理，不要自己猛拉硬扯，以免电线相碰引起停电和触电事故。

如何拨打 120 急救电话

1. 120 急救电话是紧急情况下求助的生命热线，非紧急情况请不要随便拨打，以免影响他人使用。

2. 电话呼救时一定要镇静、准确、清晰地描述情况。

(1) 伤病员现在所处的详细地址以及等候救护车的地点。家中呼救时，要讲清家庭住址。在室外呼救时，要讲清方向。如果不清楚所在位置，立即向身边的人询问求助。如果比较难找，则要指出身边的明显标志物。

(2) 伤病员的主要症状或情况，如昏厥、昏迷、呼吸困难、胸痛、吐血、中毒、车祸以及神志是否清楚等，群体伤要说出大致受伤人数、伤势、性别以及年龄分布等情况。

(3) 留下伤病员的联系电话或现场报警人的联系电话，以便再联系。报警人在救护车找到伤病员前不要离开现场。

3．要在对方挂断电话以后才能放下话筒，以确保急救人员获得所需的全部信息。打电话时间不能延误救护车出诊，简要而准确的现场信息有助于伤病员得到及时的救治。

4．呼救后，在等候救护车达到之前，及时做好以下几件事：

（1）派专人到路口或小区大门口等候救护车，看到救护车及时招手呼救或打灯光示意。

（2）移开楼道、院落中可能影响搬运伤病员的障碍物。

（3）准备好去医院所必须的物品，如医保卡、现金，老病人要带上以前的门诊病历、检查报告单等。

5．随时保持联系电话通畅，如果救护车没有到达，可再打电话询问情况。

6．如果现场有人学过急救知识，可先进行自救互救，直到急救人员到来。

何谓家庭急救“八戒”

一旦家中出现危重病人，家庭里是否有人能在医生到来之前进行急救，直接关系到病人的安全和预后。因此，家庭急救是很重要的，但必须注意：

一戒惊慌失措：遇事慌张，于事无补，如果慌慌张张用手去拉触电者，只能连自己也触电。此时应首先切断电源，用木棍、竹竿等绝缘物使病人脱离电线，方可进行急救。

二戒因小失大：当遇到急重病人时，首先应着眼于有无生命活动体征，知道现场急救时必须对病人做哪些初步检查，看病人是否还有心跳和呼吸，瞳孔是否散大，如心跳停止、呼吸停止，则应马上做口对口人工呼吸和胸外心脏按压。

三戒随意搬动：万一发生意外时，家属往往心情紧张，乱叫病人姓名或称呼，猛推猛摇病人，其实，宁可原地救治，也勿随意搬动，特别是骨折、脑出血、颅脑外伤病人更忌搬动。

四戒舍近求远：抢救伤病时，时间就是生命。应该就近送医院，特别是当伤病员心跳呼吸濒临停止时，更不该远送。

五戒乱用药：不少家庭都有备用药，但是使用药物的知识却有限，切勿乱用。如急性腹部疼痛，由于过量服用止痛药时会掩盖病情，妨碍正确的判断，此时不应乱给服止痛药。

六戒滥进饮料：不少人误以为给病人喝点热茶热水会缓解病情，实际上没有必要。

七戒一律平卧：并非所有急重病人都要平卧，至于以什么体位最好根据病情来决定，可以让病人选择最舒适的体位。如失去意识的病人让其平卧，头偏向一侧；心脏性喘息者，可让其坐着，略俯在椅子上；急性腹痛者可让其屈膝以减轻疼痛；脑出血病人则让其平卧，但可取头高脚低体位。

八戒自作主张乱处理：如敌敌畏、敌百虫中毒时，忌用热水及酒精擦洗，而应立即脱去污染的衣服，用冷洁水洗干净；小而深的伤口切忌草率包扎，以免引起破伤风；腹部内脏受伤脱出，切戒还纳腹部，而应用干净纱布覆盖，以免继发感染等。